● 彩图 1-2　土传病害发生严重

● 彩图 3-1　红颜

● 彩图 3-2　章姬

● 彩图 3-3　点雪

● 彩图3-4　隋珠

● 彩图3-5　圣诞红

● 彩图3-6　京藏香

● 彩图3-7　京桃香

● 彩图 3-8　京留香

● 彩图 3-9　京泉香

● 彩图 3-10　红袖添香

● 彩图 4-1　单层H形高架栽培

● 彩图 4-2　双层H形高架栽培

● 彩图 4-3　三层H形高架栽培

●彩图 4-7　草莓后墙管道栽培效果图

●彩图 5-3　栽培架安装

●彩图 5-4
压膜过程中放置PVC管

●彩图 5-8　用剪刀去除地上部分植株和大根

●彩图 5-9　撒施硫黄粉

●彩图 5-16　挖沟安装栽培槽

●彩图 5-17　栽培槽固定小挡板

● 彩图 5-18　铺设固定内膜

● 彩图 5-20　基质呈馒头状

● 彩图 5-21　利用旧的PVC管防止折枝

● 彩图 5-22　将半基质栽培槽上覆膜

● 彩图 6-1　草莓叶片缺乏铁元素初期症状

● 彩图 6-2　草莓叶片缺乏铁元素中期症状

● 彩图 6-3　草莓叶片缺乏铁元素末期症状

● 彩图 6-4　草莓缺乏铁元素整株表现

彩图 6-5　草莓叶片缺乏钙元素初期症状

彩图 6-6　草莓叶片缺乏钙元素中期症状

彩图 6-7　草莓花缺钙症状1

彩图 6-8　草莓花蕾缺钙症状1

彩图 6-9　草莓花缺钙症状2

彩图 6-10　草莓果实缺钙症状

彩图 6-11　草莓缺硼花序症状

彩图 6-12　白粉病初期草莓叶片背面产生白色霉层

• 彩图 6-13　白粉病中期叶片向上卷曲呈汤匙状

• 彩图 6-14　草莓幼果感染白粉病症状

• 彩图 6-15　草莓成熟果实感染白粉病症状

• 彩图 6-16　草莓成熟果实感染白粉病后变成僵果

• 彩图 6-17　草莓感染灰霉病后叶片症状

• 彩图 6-18　感染灰霉病后萼片基部及花托有红色斑块

• 彩图 6-19　幼果感染灰霉病形成僵果

• 彩图 6-20　成熟果实感染灰霉病

● 彩图 6-21　果柄感染灰霉病后变红

● 彩图 6-22　草莓匍匐茎感染炭疽病症状

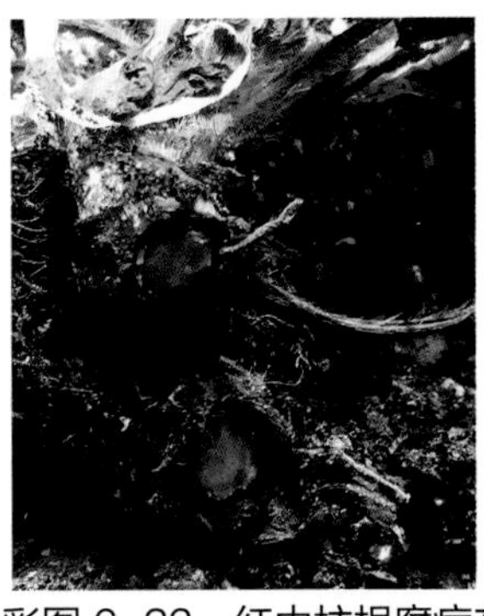

● 彩图 6-23　红中柱根腐病在根茎部形成黑褐色环形病斑

● 彩图 6-24　红蜘蛛危害初期叶片背面出现黄白或灰白色小点

● 彩图 6-25　红蜘蛛危害草莓花器症状

● 彩图 6-26　红蜘蛛危害草莓果实症状

● 彩图 6-27　红蜘蛛危害草莓植株症状

● 彩图 6-28　蓟马危害草莓叶片症状

● 彩图 6-29
蓟马危害草莓花器初期症状

● 彩图 6-30　蓟马危害草莓花器中期症状

● 彩图 6-31
蓟马危害草莓花器末期症状

● 彩图 6-32
蓟马危害草莓果实症状

● 彩图 6-33　蚜虫危害草莓幼叶

● 彩图 6-34　蚜虫危害草莓匍匐茎

草莓高效基质栽培技术手册

路河　主编

化学工业出版社
·北京·

全书共分为六章，内容涵盖全国草莓产业的现状和存在的问题分析及其解决方案、基质栽培材料特性及组配比例、基质栽培的优缺点以及多种多样的栽培形式、各种栽培形式材料规格和相应的组建图示、不同栽培模式下的相应配套栽培技术，同时详细列举了最新的草莓品种特性，并对草莓病害综合防治等方面知识做了系统介绍。书中使用了大量的实物图片，在生产上有很强的针对性和可操作性，这本书是从生产实践经验中总结出来的，具有很强的实用性。可供广大草莓种植者、相关技术人员借鉴。

图书在版编目(CIP)数据

草莓高效基质栽培技术手册/路河主编．—北京：化学工业出版社，2018.10 (2023.6重印)
ISBN 978-7-122-32814-4

Ⅰ.①草…　Ⅱ.①路…　Ⅲ.①草莓-果树园艺-技术手册Ⅳ.①S668.4-62

中国版本图书馆CIP数据核字（2018）第182431号

责任编辑：李　丽　陈燕杰　　　　文字编辑：李　玥
责任校对：边　涛　　　　装帧设计：关　飞

出版发行：化学工业出版社（北京市东城区青年湖南街13号　邮政编码100011）
印　　装：北京天宇星印刷厂
710mm×1000mm　1/16　印张9¾　彩插4字数164千字　2023年6月北京第1版第6次印刷

购书咨询：010-64518888（传真：010-64519686）　售后服务：010-64518899
网　　址：http://www.cip.com.cn
凡购买本书，如有缺损质量问题，本社销售中心负责调换。

定　　价：39.80元

编写人员名单

主　　编　路　河

副 主 编　徐明泽　周明源　王娅亚　金艳杰

参　　编　路　河　徐明泽　周明源　王娅亚　金艳杰
徐全明　田　硕　孙雪娇　石春梅　阚炜杰
刘红梅　肖书伶　高　丽　张　宇　张　雷
李玉泉　李颂君　尤淑平　牟国兴　张学明
王金凤　王宗生　杨明宇　胡　博　李明博
苏　铁　施鹏飞　郑全利　寇宝山　赵洪东
谷振东　王彦清　李学林　刘宝文　陈宗玲
陈海明　钟连全　路一明　冯宝军

前言

草莓是世界公认的营养保健型草本高档水果，它营养丰富，富含氨基酸、单糖、柠檬酸、苹果酸、果胶、多种维生素及矿物质钙、镁、磷、铁等，这些营养元素对人体生长发育具有很好的促进作用。同时草莓还具有很高的药用价值。医学认为它具有清热解毒、生津止渴、润喉益肺、健脾和胃及补血益气的功效。据统计资料表明，2007 年全世界草莓种植面积达 500 万亩，产量 500 万吨。中国是世界草莓生产第一大国，其次是美国、西班牙。

冬季是北方水果生产的淡季，在万木萧条的冬季，温暖的日光温室中，呈现在人们面前的却是春意盎然，草莓果实鲜亮红艳，叶色翠绿，果香宜人，使人流连忘返。草莓 30～80 元/斤的采摘价格仍供不应求，折射出草莓在观光农业中的地位和产业发展前景。

随着农产品结构的调整和农业科技水平的不断提高，设施草莓栽培面积呈逐年迅速增加趋势。种植设施草莓是农民增收的主要途径之一，其经济效益显著高于其他蔬菜作物。由于土地资源短缺、种植习惯和经济利益驱动等原因，连作是北京设施草莓种植中的普遍现象。基质栽培是无土栽培中应用面积最大的一种方式。它是将作物的根系固定在有机或无机的基质中，通过滴灌或细流灌溉的方法，供给作物营养液的一种栽培方式。栽培基质可以装入塑料袋内，或铺于栽培沟或槽内。基质栽培的营养液是不循环的，称为开路系统，这可以避免病害通过营养液的循环而传播。作物长势达到最佳状态，单株结果率高，整体高产，果品安全性可控、有保障，是解决温室等园艺保护设施土壤连作障碍的有效途径，被世界各国广泛应用，在我国设施园艺迅猛发展的今天，更具有其重要的意义。

编写过程中难免会出现不足，恳请大家批评指正。本书在编写过程中借鉴参考了大量现有的文献资料以及专家同行的研究成果，在此表示崇高敬意和真诚的感谢。同时，由于作者在编写过程中参考资料有限，根据生产实践经验编写，侧重本地的气候变化，只能为大家提供参考，加之水平有待进一步提高，书中若有不当之处恳请大家指正。

编　者

2018 年 6 月

目录

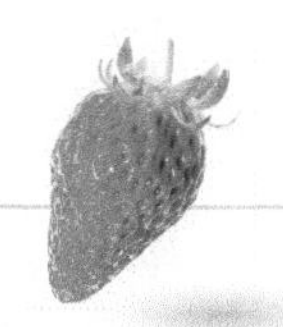

第一章 我国草莓生产概况 / 001

第二章 基质栽培 / 010

第四章　基质栽培形式及栽培基质 / 026

第五章　基质栽培技术 / 044

附录 / 120

参考文献 / 142

第一章

我国草莓生产概况

现代大果草莓为八倍体凤梨草莓，大约在1750年发源于法国，距今260多年。大果栽培草莓在20世纪初传入我国。到了20世纪80年代，我国草莓生产得到快速发展，从1985年大约5万亩发展到2015年已达100万亩，产量超过100万吨，居世界第一位。栽培品种有了极大的丰富，到2012年我国引进种植的草莓品种达到126个。草莓从单一的露地栽培发展到露地、拱棚、大拱棚、温室栽培等多种方式，草莓栽培形式由露地自然栽培到半促成栽培、促成栽培和超促成栽培，基本可以做到一年四季有草莓供应。

草莓以其生产周期短、见效快、经济效益高、适合保护地栽培的特殊优势而成为我国保护地生产新鲜果蔬中发展最快的一项新兴产业，是优质高效的农业典范。在我国涌现出很多草莓种植大省，如安徽种植面积15万亩、山东、江苏、河北和辽宁丹东地区都超过十万亩，上海、四川、浙江等种植面积发展势头很快，即将进入十万亩的行列。在草莓主要产区以外的宁夏、黑龙江、吉林、云南、贵州等地草莓发展也很快，成为当地的观光采摘的主要产业。

随着草莓产业不断发展，草莓种植面积和生产模式都在不断变化，草莓栽培品种有待更新、产业发展中存在的问题亟待解决。

一、我国草莓产业发展现状

（一）草莓栽培品种现状

20世纪80年代，我国从欧美、日本引进的优良品种快速代替了原来的老品种，成为生产上的主栽品种。河北保定的主栽品种为全明星，其特点是果个大、耐储运，但味道偏酸，后来被丰香、宝交早生等优良品种代替，目前栽培面积较大的品种是抗病、优质、丰产的丰香。辽宁丹东地区20世纪80年代主栽品种为格雷拉，其特点就是果个大、丰产，只是生产中畸形果较多，草莓果实尖部不易着色，形成青头果，植株在结果后期容易早衰，20世纪90年代有西班牙的弗吉尼亚以其结果能力强、极丰产、果个大、抗病性强逐步代替了格雷拉，成为当地主栽品种。2000年后红颜、章姬等草莓品种逐步成为市场上的主栽品种。这两个品种的种植面积约占整个草莓种植面积的一半以上。

以北京昌平草莓为例，2001～2002年草莓种植季，北京市昌平区主栽品种有3个，即'童子一号（卡姆罗萨）''甜查理''枥乙女'，其中'童子一号'种植面积占总种植面积的90%。2008年，昌平成功取得了2012年第七届世界草莓大会的举办权后，2009～2010年草莓种植季，昌平草莓栽培品种达24个，'红颜'的栽培比例达42%，'章姬'种植面积达14%，'童子一号''甜查理'的面积逐渐缩减。

2011～2012年草莓种植季，第七届世界草莓大会在北京昌平举办，盛会的举办为昌平的草莓品种带来了空前的繁荣，主栽和展示的草莓品种达到135个。'红颜'和'章姬'栽培面积占比达到了80%。

2016～2017年草莓种植季，昌平区草莓主栽品种维持在20个，'红颜'栽培面积占比91%，'章姬'种植面积不到4%，'圣诞红''京香系列''隋珠'等品种占比达到6%。

昌平区草莓生产主栽品种对'红颜'的严重依赖格局尚未改变，但草莓新品种已不断涌现，草莓品种逐步呈现向多样化、高产优质化发展。

（二）栽培技术与措施

为了使草莓的商品性取得更好的经济效益，一些增产、优质、省力的技术措施在棚室保护地栽培中得到了广泛的应用。目前我国温室和塑料大棚中较普遍地采用如下技术。

（1）水肥一体化技术　该技术在发达国家农业生产中应用广泛，英文单词"fer-tigation"即fertilization（施肥）、irrigation（灌溉）两个词组合而成的，意为灌溉和施肥相结合的一种技术。国内也叫灌溉施肥、管道施肥、水肥耦合、水肥一体化等，其实就是利用管道灌溉系统，将肥料溶在水中，同时进行灌溉和施肥，适时、适量地满足农作物对水分和养分的需求，实现水肥同步的管理和高效利用的节水农业技术，简单地说就是根据作物的长势和生育阶段将肥料均匀准确地施在作物根系附近，并被根系直接吸收利用的一种施肥方法。水肥一体化的优点是提高作物水肥利用率，将水肥直接滴在作物根系附近利于作物直接吸收，利于作物生长，提高作物产量，同时减少机械作业，抑制杂草生长，提高基质的利用率，提升劳动生产效率。同时，极大地减少了劳动力，减轻了劳动强度，提高了生态生产效益。农业部提出在2020年，我国农业要实现“控制农业用水量，减少化肥和农药的使用量，化肥和农药用量实现零增长”，而我国面临单产相对较低的问题，发展水肥一体化技术是解决控水减肥与提高产量之间矛盾的重要途径，对提高肥料利用率并减轻肥料对环境的压力、保护环境具有重要意义。水肥一体化技术采用的都是水溶性配方肥，这样肥料的利用率高，减少了滴灌管道的堵塞问题。

（2）放养蜜蜂授粉技术　草莓生长在日光温室中相对外界是封闭的，同时草莓开始开花的时候一般是低温或是光照不足的时间段，花粉通过风来传播效率不高，人工授粉费时费力，效率不高。由于授粉不好草莓畸形果率非常高。在温室里放养蜜蜂，通过蜜蜂进行授粉，极大地提高了草莓的商品性，减少畸形果的数量，对促进果实正常发育有良好的效果。一般每400m^2放1箱蜜蜂，每箱蜜蜂有4000～5000只。蜜蜂从干燥的外界进入高湿高温的温室中一般需要一个适应过程，在这个过程中很多蜜蜂会撞棚而死，如果放蜂较早，蜜蜂没有花粉可采也会急躁乱飞撞棚死掉。为此，正式放蜂时提前3d在温室中适应，草莓开花率在5%时打开风口，让少量蜜蜂出来就可以，以后逐渐开大风门让蜜蜂自由出入即可。如果遇到严重低温和阴天寡日照可以使用雄峰进行授粉。

（3）假植育苗技术广泛应用　用子苗在营养钵里或是苗床进行假植，假植可以改善草莓苗的通风透光条件，增大营养面积，培育健壮的种苗，很少有病虫害发生。假植育苗目前多发展在春秋大棚中，如基质育苗和基质槽育苗、高脚穴盘育苗等。这样种苗生长一致，很好管理，为草莓丰产打下良好的基础；采用基质进行育苗的种苗还可以长距离的运输，提高草莓的成活率。随着种植年限的增加，草莓连作障碍引发的问题越来越突出。通过基质育苗培育健壮的种苗显得更重要。

（4）疏花疏果技术　日光温室和塑料大棚栽培草莓时抽生出很多花序，结果时间也长，不断疏除高级花序和无效小花有利于集中养分生产大果。在疏花疏果的同时可以节省很多养分供应草莓植株，使草莓植株可以抽生更多的草莓侧花序，提高草莓的大果率。疏花疏果在整个果实生长季都要进行，尤其在草莓生产前期。

（5）加温与补光技术　在温室栽培中，尤其在北方日光温室中，冬季低温很容易使草莓进入休眠或是花果受害，严重的可以导致冻伤，而光照不足会使草莓生长不良，实践中发现冬季棚室栽培中增加补光可以促进草莓生长发育、增加产量、减少畸形果的数量。在日本塑料大棚中使用加温和补光设施是非常普遍的。在补光时一般采用LED补光灯，光源一般以红橙光和蓝紫光较多，时间一般是在放完保温被后的4h，如果补光时间较长容易导致草莓苗旺长。

（6）新型农资的使用　如PO膜可以提高棚室的透光度，很好提升保温性能，且使用寿命一般在2年以上。黄板、蓝板、硫黄罐熏蒸技术可以降低农药的使用量。生物防治技术可以防治病虫害，以虫治虫就是典型的例子，如用智利捕食螨防治红蜘蛛、用瓢虫防治蚜虫等；在植保用药上采用生物源的生物制剂如除虫菊、印楝素等；微生物制品应用也日益广泛，如枯草芽孢杆菌、地衣芽孢可以防治一些真菌性病害，尤其在基质传病害较重的地区，大量使用芽孢杆菌对于防治枯萎病有一定效果；生产上使用的寡雄腐霉可以有效防治草莓的病害。

（三）草莓销售渠道变化

20世纪80年代草莓的销售基本没有特殊的包装，多是用简单的竹篮盛装或是用塑料袋包装，销售多是商贩沿街叫卖或是产地直销的方式。到了2000年草莓作为高档水果出现在商场，随着人们收入的增长，草莓销量也日渐增加，草莓逐步进入寻常百姓家。一些高档草莓开始作为走亲访友的礼品，草莓的包装也就开始进入全新的时代，销售渠道也有了一些新的变化，以北京为例，草莓销售渠道主要包括：礼品箱、观光采摘、合作社统一收购销售、供应超市、小商贩收购等。以2013～2014年种植季为转折点，之前销售渠道以礼品箱和观光采摘为主，以合作社统一收购、供应超市和小商贩收购为辅。

2013～2014年种植季后，观光采摘和小商贩收购分别占销售额的30%左右，其他依次为礼品箱销售、合作社统一收购和供应超市（如图1-1）。从图1-1中可以看出，观光采摘的方式很受消费者的青睐，呈逐年增加的趋势。

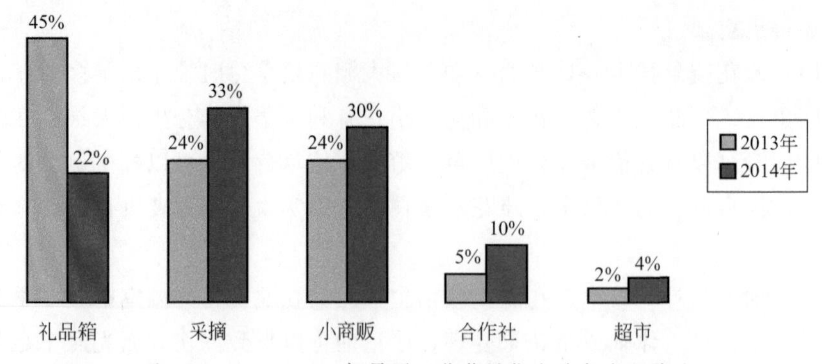

图1-1　2013～2014年昌平区草莓销售方式各占百分比

从图1-1的数据看出草莓销售直接采摘方式逐渐被广大消费者认可，这反映出消费者更注重新鲜安全和观光消费方式，同时看到合作社的销售也在逐渐增加，随着产业的发展，消费者更加关注食品安全，标准化管理和统一包装销售更有利于草莓产业健康发展。

（四）生产栽培模式逐渐变化

栽培模式由只有传统基质、土壤栽培模式向无基质栽培、半基质栽培和高架栽培等多元化栽培模式转变。高架栽培具有采摘环境好、劳动强度低等优点；半基质栽培与基质栽培相比具有保水、保肥、保温等优点；与土壤栽培相比又可克服连作障碍等，这些栽培模式受到农户的欢迎。

二、草莓产业发展存在问题

（一）土壤连作障碍日益严重

随着种植年限的增长，昌平区草莓日光温室土壤中的大量营养元素含量一直维持在较高水平，土壤中的养分含量随着种植年限的增加而不断累积，土壤次生盐渍化严重，尤其是在定植期，土壤盐分浓度较高造成死苗严重，土壤连作障碍日益严重，如表1-1所示。

表1-1　2011～2014年草莓温室土壤高肥力水平地块所占比例

测试项目	高肥力地块	2011年所占比例/%	2012年所占比例/%	2013年所占比例/%	2014年所占比例/%
有机质	≥30g/kg	17.79	38.78	56.49	51.41
碱解氮(N)	≥150mg/kg	38.72	21.35	62.34	66.24
有效磷(P_2O_5)	≥150mg/kg	75.25	74.16	88.96	86.70
速效钾	≥240mg/kg	83.43	73.03	87.66	87.47

注：沈兰等，地力分级在昌平区保护地草莓平衡施肥上的应用。

草莓温室经常是连续多年进行草莓生产，难以轮作倒茬，造成土壤中病虫害不断累积，一旦消毒不充分，易造成基质传病虫害暴发，影响草莓生产（图1-2，见彩图）。

（二）种苗来源复杂、质量很难统一

以北京昌平区为例，昌平的地理位置特殊（海拔较低、夏季温度较高多雨、劳动力成本较高、缺乏大面积育苗场地），没有大规模、标准化的育苗企业，昌平草莓种植户面临买种苗难、尤其好的种苗更难的问题，并呈现逐年严

重的趋势。分析其原因主要包括全国草莓种苗企业杂化，一些育苗企业繁育的种苗质量并无保证；本地育苗企业生产量不能满足全区购苗需求；缺乏草莓种苗质量控制标准。

（三）品种退化、主栽品种单一

以北京昌平区为例，目前，昌平区草莓主栽品种仍以红颜、章姬为主，红颜的栽种面积占栽种总面积的90%。由于栽培年限长，红颜、章姬均出现了品种退化的情况，表现出生长势减弱，病虫害加重，尤其白粉病严重，畸形果增加等现象。

（四）种植者结构发生变化、生产水平参差不齐

以北京昌平区为例，自发展草莓产业以来，昌平区推广了一系列技术，并且通过培训、观摩等多种方式进行技术推广，使栽培者生产技术水平有了很大的提升。近年来，部分本地种植者逐渐退出草莓生产行列，将温室出租，每年都有新种植者加入，新种植者普遍年龄偏大，对种植技术掌握较少，生产技术水平参差不齐。

（五）生产成本升高

以北京昌平区为例，昌平区温室草莓生产成本不断升高。种苗、棚膜、雇工、肥料、农药、包装运输等生产资料成本明显增加；农村劳动力价格飙升，不少地方出现“用工荒”；土地租金连年上涨。

（六）草莓主要病虫害发生严重

随着品种单一化和种植年限的增加，草莓主要病虫害发生程度更加严重。草莓常见病害有白粉病、灰霉病、枯萎病、根腐病等；常见害虫有螨类、蓟马、蚜虫等。

三、我国草莓生产发展对策

（一）加强草莓新品种筛选与推广

不同的地理位置，土壤和气候差异很大，因此草莓品种要根据当地的实际情况进行选择。要考虑当地市民对草莓颜色、风味、外形的喜好，农户对丰产性、成熟期、抗逆性的需求，市场对耐储性的需求，建立完善的草莓品种评价

体系，筛选早中晚熟搭配的多个新品种。对于筛选出的新品种首先通过核心园区、龙头企业、典型农户三种渠道开展试验示范，试种成功后面向农户开展推广种植，以满足市民和农户对草莓品种特性的多样需求。

要不断探索、研究草莓优质种苗繁育技术，提高种苗质量，掌握种苗繁育的关键技术，同时做好种苗质量的监管工作。不断培育优质种苗，为草莓产业健康发展打下基础。

食品安全越来越受到消费者的关注，草莓不仅要美味甘甜，同时要食用安全。为此抗病好吃是选择的主要指标。种植者在生产管理措施上要下功夫，使用农药时多采用生物制剂农药。目前隋珠、圣诞红、京藏香、改良红颜等品种种植面积在逐年扩大。

（二）生产技术服务

以北京昌平区为例，昌平区在草莓产业发展壮大的同时建立了由农业系统单位组成的草莓工作服务队，负责全区的草莓生产技术服务工作，为生产中新技术、新品种的应用和解决生产中的疑难问题提供了技术保障。

我国近些年推广了日光温室土壤消毒、测土配方施肥、水肥一体化、蜜蜂授粉、二氧化碳施肥、绿色防控等配套技术，通过建立示范、开展培训观摩等多种途径，将这些配套技术普及推广到生产一线。在此基础上探索更加高效的推广模式，不断将先进的生产技术落实到位，促进草莓产业发展和农民增收。

（三）发展多种栽培模式，生产精品草莓

各地在发展日光温室草莓产业的同时，积极发展高架栽培、半基质栽培、盆栽草莓、立体栽培和草莓与其他作物间套作等多种栽培模式，在生产精品草莓的同时丰富采摘品种，增加采摘的观赏性和趣味性，以期吸引市民前来观光采摘。近几年在政府财政的大力支持下，各地对高架基质栽培模式进行资金支持，极大地推广了基质栽培的种植面积，提升了草莓的商品性和美誉度，很受种植户的欢迎。

各地通过一系列的技术手段生产外形美、品质优的精品草莓。为了保障草莓安全优质生产，政府应从农药生产源头上加强监管，生产低毒、低农药残留，在生产、流通和使用过程中加强监测，对种植者加强宣传，推广使用低毒农药，保障草莓食品安全。

（四）加快草莓产业标准化体系建设

由于农户多以经济利益为前提，草莓种植大部分为小规模经营，所以很难

进行标准化生产，没有统一执行标准化育苗、标准化用药、标准化管理等，生产随意性较强，产量和质量都具有不稳定性。草莓产业发展急需建立种苗繁育和栽培生产两个标准化体系，确保草莓生产的全过程都在标准范围内，保证草莓的安全和优质，具体表现在种苗、施肥、土壤处理、病害防治、鲜果采后保鲜储运等方面。

(1) 草莓种苗的纯正和健壮种苗 (在欧美和日本各国都采用组织培养作为大规模繁育无病毒原种苗的主要手段)。专业苗圃常采用假植、营养钵繁苗，并根据定植方式，采用特殊手段打破或延迟休眠或是促进花芽分化，供给促成栽培使用。目前已经有组织培养脱毒育苗技术，但实际应用比例不高。我国草莓多是一年一栽的方式，单位面积用苗量大，从苗圃购苗生产成本较高，因此农户普遍采用自繁苗，种苗质量参差不齐造成单产较低。为此建立标准的育苗基地培育健壮整齐的种苗是草莓产业健康发展的必经之路。

(2) 土壤与施肥 国外基本可做到测土施肥，施肥技术也十分简单。例如，美国加利福尼亚州草莓收获后，将草莓的整个植株用旋耕机打碎全部翻到地里，然后用溴甲烷加氯化钴熏蒸消毒，因其土质大部分是细沙壤土，耕作层较深，草莓根系能扎得很深，施肥多用长效肥料和液肥。我国目前果农因担心草莓植株残体传染病虫害，几乎将草莓植株弃之不用，很少利用测土配方施肥，沿用传统种菜的施肥方式给草莓施肥，常使用含纤维少的畜禽粪便，造成草莓生育逐年变差，而为了改变这个问题，有些农户还错误地增加施肥量，使问题加剧。国外普遍使用溴甲烷或溴甲烷加氯化钴熏蒸土壤，可以从根本上解决草莓根茎病害（即红中柱根腐病、黄萎病、枯萎病）的发生，确保在重茬地上栽培草莓是国外一年一栽草莓的重要技术措施之一。由于溴甲烷会污染地下水，破坏臭氧层，美国、以色列和日本等国家正在用日晒消毒代替溴甲烷熏蒸，效果相当好。荷兰、比利时已经取消或限制使用溴甲烷。这两国采用草炭基质、无基质栽培草莓，解决草莓连作问题。国内很少注重土壤熏蒸消毒和代替技术的应用，一些老的草莓产地，草莓红中柱根腐病发生相当严重。严重影响了草莓健康发展。为此要想草莓产业健康发展就必须从整体考虑，保证草莓生产相关每个环节都有规可循，标准化生产。

（五）加强区域销售主体建设

建议加强以合作社为代表的销售主体建设，发挥主体优势，通过销售带动作用辐射周边村镇农户，带动整个草莓产业发展。合作社可吸纳周围较多草莓种植户，日常开展新技术试验示范以及农民科技培训，在草莓销售中对社员给予销售帮助，整合社内资源，接待大量采摘团队，带动草莓销售。

（六）发展休闲采摘为主与深加工相结合的产业模式

在发展休闲采摘为主的基础上，应辅助开展草莓深加工，有条件的龙头企业可开发一系列的草莓衍生产业，如开发草莓屋，制作草莓酱、草莓酒等副产品均能增加收益。果品剩余时发展冷链运输和冻果进行远销，作为辅助销售渠道。辅助销售渠道和衍生产业的发展将有助于草莓产业的稳定发展。

随着草莓品种改良，脱毒苗使用比例逐渐增加，繁育方式、栽培及管理技术的不断升级；不断整合资源，完善草莓产业的生产功能、生态功能、服务功能、社会功能；大力推广普及无公害、绿色、有机种植，草莓的产量和品质将有更进一步的提升，草莓产业的前景将会更好。

第二章 基质栽培

一、开展草莓基质栽培的历史条件

随着农产品结构的调整和农业科技水平的不断提高，设施草莓栽培面积呈逐年迅速增加的趋势。种植设施草莓是农民增收的主要途径之一，经济效益显著高于其他蔬菜作物。草莓的生长周期较长，一般从当年 9 月定植到次年 5 月拉秧，加上土地资源短缺、种植习惯和经济利益驱动等原因，连作是设施草莓种植中的普遍现象，生产中的连作障碍问题非常突出。新建温室在连续种植几年草莓后，土传病虫害发生的概率极大，显著影响草莓定植缓苗率，并使得草莓产量锐减、品质下降。此外，在发生连作障碍的温室中，草莓在生长后期极易出现因根系老化而造成的植株早衰现象。生产中普遍采用换土法，即将温室内连作土壤移出换为新土，解决温室草莓的连作障碍问题。但是，这种方法费时费力，且在换土种植几年草莓之后仍将面临新的连作障碍问题。因此，探究或吸收引进简单易行的土壤连作障碍克服方法是目前设施草莓生产的当务之急。由于土壤消毒技术简单易行，且处理后效果良好，这一技术已成为我国设施草莓生产有效解决连作障碍问题的主要方式之一。

（一）连作障碍机制研究

连作障碍（continuous cropping obstacle）是指同一作物或近缘作物连作以后，即使在正常管理的情况下，也会产生产量降低、品质变劣、生育状况变差的现象。狭义的连作是指在同一块地里连续种植同一种作物（或同一科作物）；广义的连作是指同一种作物或感染同一种病原菌或线虫的作物连续种植。

国内外学者将连作障碍归结为三大因素：土壤理化性质劣化、土壤生物学区系失衡和植物根系分泌物的自毒作用。其中任何一个因素均可导致作物生长受阻、产量下降和品质变劣。对连作障碍产生的主要成因做进一步分析，可将其归结为：土壤次生盐渍化及酸化、土壤致病菌积累、植物自毒物质的积累和营养元素平衡的破坏。

1. 土壤次生盐渍化及酸化

在连作障碍的诸多成因中，次生盐渍化是造成连作障碍的重要原因之一。土壤中的盐分浓度过高，会影响草莓的生长发育，使植株矮小、叶缘干枯、生长不良、根系变褐乃至枯死。目前，种植草莓5年的日光温室土壤中有养分富集现象，造成土壤养分失衡，不仅浪费肥料，还增加了生产成本。普遍来说，设施栽培过程中施肥量大，且半封闭的环境条件改变了自然状态下的水分平衡，土壤长期得不到雨水充分淋融使土壤中的盐分在土壤表层不断累积。同时温室内温度较高、土壤水分蒸发量大，下层土壤中的肥料和其他盐分会随着深层土壤水分的蒸发，沿土壤毛细管上升，最终在土壤表面形成一薄层白色盐分，即土壤次生盐渍化现象。据有关部门测定，露地土壤盐分浓度一般在3000mg/kg左右，而大棚内常可达7000～8000mg/kg，有的甚至高达20000mg/kg。由于过量施用化学肥料，土壤的缓冲能力和离子平衡能力遭到破坏而导致土壤pH值下降，即土壤酸化现象。土壤酸化造成土壤溶液浓度增加，使土壤的渗透势加大，根系的吸水吸肥均不能正常进行。

土壤次生盐渍化的发生与不合理的施肥有关，不合理施肥导致土壤中速效氮磷钾含量增高引起次生盐渍化发生。在草莓生产中，通常把增施有机肥作为增产的重要技术措施。一般日光温室有机肥施用量一般为（8～10）m^3/亩，品种多以鸡粪为主，占有机肥施用总量的70%。因为鸡粪中的有机酸对土壤中的磷具有活化作用，而二元有机酸和三元有机酸可减少土壤中铁铝胶体对磷的吸附，提高土壤中磷的有效性，显著提高土壤中速效磷的含量。草莓种植者每季均施用大量磷酸二氢铵、含磷复合肥。但是，土壤中磷的利用率较低（10%～25%），造成土壤中磷大量累积。研究表明，在种植5年草莓的温室中土壤有效磷含量是种植1年的土壤有效磷含量的3.13倍。

钾的富集主要是与近几年实行种植草莓大量“补钾工程”、草莓温室土壤中大量施用化学钾肥和有机肥有关。研究表明，种植草莓第2年，温室土壤中的有效钾含量迅速上升，是种植1年的土壤中有效钾含量的2.04倍，第3年温室土壤中的有效钾含量一直维持在较高的水平，保持在600～700mg/kg内。生产5年的草莓温室土壤中的有效氮是生产第1年的2.36倍。

2. 土壤致病菌积累

连作后，由于其土壤理化性质以及光照、温度、湿度、气体的变化，一些有益微生物（氨化细菌、硝化菌等）的生长受到抑制，而一些有害微生物迅速繁殖，土壤微生物的自然平衡遭到破坏。这样不仅导致肥料分解过程出现障碍，而且病虫害发生多、蔓延快，逐年加重，特别是一些常见的叶霉病、灰霉病、霜霉病、根腐病、枯萎病和白粉虱、蚜虫、斑潜蝇等，从而使生产者只能靠加大药量和频繁用药来控制，造成对环境和农产品的严重污染。

3. 植物自毒物质的积累

这是一种发生在种内的生长抑制作用，连作条件下土壤生态环境对植物生长有很大的影响，尤其是植物残体与病原物的代谢产物对植物有致毒作用，并连同植物根系分泌的自毒物质一起影响植株代谢，最终导致自毒作用的发生。

4. 营养元素平衡的破坏

由于草莓对土壤养分吸收的选择性，单一的栽培模式易使土壤中矿质元素的平衡状态遭到破坏，营养元素之间的拮抗作用常影响到草莓对某些元素的吸收，容易出现缺素症状，最终使草莓生育受阻，产量和品质下降。

土壤肥力的消耗主要来自于植物根系的吸收，不同作物需肥的种类和比例不同，轮作可以平衡土壤养分，减轻土壤盐分积累，因此，轮作对解决连作障碍有着积极的效果。同时在草莓生产中应大力推广科学施肥，特别是测土配方施肥技术，以有效地缓解、解决土壤中养分富集的问题。此外，施入新型微生物肥料，增加土壤中的有益菌群，改善土壤菌群结构，可以缓解由于有害菌的积累对草莓生长造成的影响。

（二）草莓土传病害的发生和危害

我国草莓生产虽然起步较晚，但近十几年来发展迅速，很多地区形成规模化生产。由于种植面积扩大，轮作倒茬困难，连作地块增多，草莓连作后，常导致土壤病害蔓延，给草莓生产造成巨大损失。土传病害是阻碍当前草莓产业化发展的主要障碍之一。王明喜和谷军研究发现，草莓在同一田块上连续种植两年或多年，其长势减弱，病虫害趋于严重，果品质量下降，产量减少；重茬2年减产10%～15%，重茬3年减产20%～25%，重茬4年以上减产40%以上。刘喜更在河北省满城县草莓生产基地调查发现，第2年重茬种植草莓地块发病率可达89.2%，植株发病率55%～91.6%，第3年地块发病率100%，植株发病率90%～100%，倒茬后第5年种草莓植株发病率为34.2%，第8年后植株发病率仍达13.2%。草莓重茬种植发病后减产达50%～90%，严重者甚至绝收。造成草莓病害的原因很多，王明喜和谷军研究认为，以下几点是造成连作草莓病害加重的主要原因：①草莓重茬栽植后，田块内病原菌及虫害基数增大，尤其是某些寄生或繁衍于土壤的病虫害逐年加重，即使使用一般性药剂防治也难免其害。同时，连作也加重某些草莓伴生性杂草的危害。②草莓重茬后使土壤的理化性质变化，由于连年栽植草莓，土壤中草莓所需养分逐年减少，草莓根际周围的养分平衡失调使营养缺乏而减产。③草莓根系在正常的生理代谢过程中，常分泌出一些对自身有害的物质，草莓连作使有害物质逐年积累，致使草莓正常生长受阻，发育不良。

刘更喜等人通过5年的时间，对河北满城地区的86个试验点的草莓重茬病害情况、土壤病害种类进行了详细调查，摸清了当地草莓重茬土壤病害的发生情况和危害情况，确定了草莓根腐病和草莓黄萎病为主要土传病害。草莓连作后，病害发生率提高35%，其中，营养元素缺乏占5%，土壤严重恶化占7%。郝保春认为，草莓连作之后易发生多种病害，其中土传病害为主要病害。

（三）草莓土传病害防治技术

1. 物理消毒技术

① 石灰氮消毒技术　石灰氮土壤消毒是指在高温季节通过较长时间覆盖塑料薄膜来提高土壤温度，以杀死土壤中包括病原菌在内的许多有害生物。石灰氮消毒技术具有操作简单、经济适用、对生态友好等优点，其研究和应用日益受到人们的重视。该技术具体操作要点如下：在气温较高、太阳辐射较强烈的季节给土壤覆盖薄膜，同时保持土壤湿润以增加病原休眠体的热敏性和热传导性能，最后用最薄的透明塑料薄膜密封，以减少成本，增强效果。石灰氮消毒对土传病害能够起到防治作用，是由于处理的土壤温度上升，杀死土壤中的病原生物所致。通常在处理的土下30cm内，土温为36～50℃，比对照高7～12℃。但实际生产中，石灰氮消毒的效果受气候的影响常不稳定。

② 蒸汽消毒技术　蒸汽消毒技术是通过高压密集的蒸汽杀死土壤中的病原生物。蒸汽消毒还可使病土变为团粒，提高土壤的排水性和通透性。蒸汽消毒速度快，均匀有效，只需用高压蒸汽持续处理土壤，使土壤保持70℃、30min即可达到杀灭土壤中病原菌、线虫、地下害虫、病毒和杂草的目的，冷却后即可栽种；同时无残留药害，对人畜安全，也不存在对有害生物的抗药性问题。因此，蒸汽消毒法是一种良好的甲基溴替代技术，在欧洲被广泛使用。

③ 热水消毒技术　热水消毒是将过滤了的70～95℃热水，以250L/m的速度通过热水管或喷孔施于土壤表面。研究表明，该技术可有效控制多种土传病害，如甜瓜单孢霉根腐病，而采用石灰氮消毒对该病无效。热水消毒由于改

变了土壤的理化性质，如脱盐和氮的矿化作用，作物的产量可增加30%。

④ 土壤循环消毒技术　该方法通过对土壤旋转翻耕，将土壤与高温、洁净、干燥的空气混合进行消毒，与传统的物理和化学消毒技术比较其优点在于：没有使用任何化学药剂，不受化学药剂使用的限制；不会造成土壤养分和水分的流失；使用过程中不受外在天气因素的影响；节能，高效；不易导致病虫害抗性的产生。

2. 化学消毒技术

化学消毒技术是将熏蒸剂注入土壤中发挥消毒作用。常用的熏蒸剂有氯化苦、威百亩、棉隆、1,3-二氯丙烯、二甲基二硫、碘甲烷和福尔马林等。

① 注射消毒技术　注射是熏蒸剂常用的施药方式，方法是通过注射装置将药剂注入土壤中，注射深度通常是土下30cm。一种新的机械可将熏蒸剂注入未耕过的土壤，配合封土装置可减少熏蒸剂向地表的散发。

② 化学灌溉技术　在有滴灌的条件下，采用化学灌溉技术可取得良好的效果。该法使用简单，由于熏蒸剂如威百亩、1,3-二氯丙烯和氯化苦可均匀施于土壤中，因而效果理想，受到广泛的关注。该法需要将熏蒸剂制成乳剂，以便与水能混合均匀并被施于土壤中，由于熏蒸剂在施用中是与水充分混合，并且浓度较低，因而散发性较小。与注射法比较，化学灌溉法效果更好。

③ 混基质施药技术　对于固体的熏蒸剂，如棉隆，可通过混土施法达到药剂分布均匀的目的。

④ 分布带施药技术　对于常温下是气体的熏蒸剂如硫酰氟和溴甲烷，可采用分布带施法。

3. 生物熏蒸技术

生物熏蒸是利用来自十字花科或菊科的有机物释放的有毒气体杀死土壤害虫和病菌。葡糖异硫氰酸酯是十字花科或菊科植物中的一大类含硫化合物。葡糖异硫氰酸酯本身化学性质稳定、无生物活性，并且在植物亚细胞区室中被多价螯合，只有因害虫侵袭、收获、食品加工或咀嚼而使植物组织遭到损害时，葡糖异硫氰酸酯才能与内源性黑芥子酶接触，并立即反应，使糖苷键发生水解，释放出葡萄糖和一种自发降解的不稳定中间产物，形成各种各样的分解产物，包括硅烷硫酮、腈、硫氰酸酯和不同结构的异硫氰酸酯等水解产物，特别是异硫氰酸甲酯，对有害生物有非常好的生物活性。含氮量高的有机物能产生氨杀死根结线虫。几丁质含量高的海洋物品也能产生氨，并能刺激微生物区系活动，这些微生物能促进根结线虫体表几丁质的溶解，导致线虫死亡。另外，一些绿色植物覆盖土壤，能分泌异株克生物质，抑制杂草生长。因此，研究利用生物熏蒸，可以杀死土壤中的有害病原菌、害虫和杂草等。生物熏蒸的应用方法比较简单，一般是选择好时间后，将土地深耕，使土壤平整疏松，将用作熏蒸的植物残渣切碎，或是用家畜粪便、海产品，也可相互按一定比例混合均匀洒在土壤表面，之后浇足量的水，然后覆盖透明塑料薄膜。为了取得对病害较好的控制效果，要考虑以下因素：最好在晴天日照时间长、环境温度高时操作，这样利于反应；要有一定湿度，以利于植物残渣等的水解；粪肥要适量，根据土壤肥沃程度，选择好粪肥量，以防出现烧苗等情况；如有可能，最好结合石灰氮消毒，可更有效发挥作用。在夏季，将新鲜的家禽粪便或牛粪、羊粪加入稻秆、麦秆中，与土壤充分混合后，再盖上塑料布，可显著提高土壤温度，并产生氨，因而具有双重杀死土壤病原菌和线虫的效果。

二、 草莓基质栽培优势

基质栽培是无土栽培中应用面积最大的一种方式，它是将作物的根系固定在有机或无机的基质中，通过滴灌或细流灌溉的方法，供给作物营养液的一种栽培方式。栽培基质可以装入塑料袋内，或铺于栽培沟或槽内。基质栽培的营养液是不循环的，称为开路系统，这可以避免病害通过营养液的循环而传播。

基质栽培是区别于土壤栽培的一种种植形式，起源于发达国家，它的特点是充分发挥各类资源条件，使作物长势达到最佳状态，单株结果率高，整体高产，果品安全性可控、有保障。基质栽培是解决温室等园艺保护设施土壤连作障碍的有效途径，被世界各国广泛应用，在我国设施园艺迅猛发展的今天，更具有其重要的意义。我国是世界设施园艺面积最大的国家，但长期土壤栽培的结果，使连作障碍日益严重，直接影响设施园艺的生产效益和可持续发展，适合国情的各种无土栽培形式在解决设施园艺连作障碍的难题中发挥了重要的作用，为设施园艺的可持续发展提供了技术保障，栽培的面积逐渐扩大。

无土栽培是用非土壤基质（供应营养液或完全利用营养液）的栽培技术，要求最佳的根际环境。采用无土育苗方式培育的幼苗，定植后，因根系发育好，根际环境和无土栽培相适应，定植后不伤根，易成活，一般没有缓苗期。同时，无土育苗还可避免土壤育苗带来的土传病害和虫害。

三、 基质无土栽培中的相关问题

基质是人为创造的一种固定植株并为其根系提供生长空间，保持良好水、肥、气环境的载体。人们生产或调配基质的出发点是其优于自然界的土壤。如果人为配制基质的品质还不如自然界的土壤，那基质栽培培育的作物产量、品质、口感也会低于土壤栽培。基质无土栽培主要存在以下几个问题。

（一）缺乏标准化的理想基质

目前国内栽培基质的标准不统一。同一种基质，如果产地原料、加工工艺、颗粒大小不同，其物理、化学性质也很难保持一致。比如，国内经常使用的三种基质：草炭、珍珠岩、蛭石。为了降低基质成本，很多基质生产商和蔬菜无土栽培生产者会选用颗粒直径小于 1.5mm 的蛭石或高度腐解的泥炭来做基质，不利于无土栽培的作物生长。

目前，国内常见的“商品”基质还未形成育苗、栽培的“商品”标准基质，其他就地取材的“基质”更难达到育苗和生产的理想要求。例如，个别地区用食用菌菇渣、锯木屑、醋渣、酒糟、炉灰渣、碳化稻壳、沙子等作为育苗或栽培基质，虽然这些基质均能用于育苗或无土栽培，但如果材料配比不合理或仅用单一材料做基质，其性能会大大低于自然土壤，用这些基质进行无土育苗或无土栽培会对植物根系生长发育形成“胁迫”。温室内基质栽培作物经常会遇到基质育的苗不长，草莓“枯黄不发”问题。经分析，这些问题均是由于基质不符合要求导致的。有的是因为基质粒径过细不透气（湿时如湖泥，干时硬如铁），从而引起厌氧发酵，造成次生有害代谢产物积累中毒；有的是因为钙、磷、钾超标，碱性高（炉灰渣、菇渣用量大）；有的是因为人为添加过量复合肥、磷酸二铵造成肥害；有的是因为采用工业用基质，重金属元素含量超标对根系产生毒害（工业用珍珠岩、岩棉）等。如果选择基质仅以低成本、易取材为出发点，而不考虑利于根系生长、促进根系水肥高效吸收、稳定植株整个生育期理化性状这几个指标，就很难使无土育苗、无土栽培实现优质高产。因此，基质的规范化与标准化是实现草莓优质、安全和高产的前提。

多年来，欧洲国家大多选用岩棉作为无土栽培基质，因为岩棉对营养液的干扰小，能够为植物生长提供稳定的三相比和水气协调环境。我国无土栽培专用的岩棉开发相对滞后，严重制约了岩棉无土栽培技术的推广。

实现彻底“脱盐”，纤维、颗粒在草莓整个生长期保持良好、稳定的物理、化学性状，是椰糠成为理想无土栽培基质的关键。国内的椰糠基质受资源、脱盐处理技术不成熟、商品化开发等限制尚未得到大力发展。进口的椰糠基质则因产地和生产工艺不同，质量存在较大差异，为营养液的管理带来一系列问题，目前也难以成为主流栽培基质。但从基质的三相比、使用过程、基质粒径稳定性及对营养液的干扰程度等方面考虑，椰糠是较为理想的栽培基质之一。

草炭、珍珠岩、蛭石是除岩棉以外的在无土栽培中用量最大的基质，也是育苗基质的主要原料。这三种基质在我国的资源相对丰富，产地及生产企业较多，可以根据不同地区、不同作物的栽培需要进行标准化配制，可形成标准化生产的“混配基质”。

（二）对水质的重视程度不够

无土栽培草莓对水的需求，不仅是为了满足草莓最基本的水分代谢需求，更是为了实现无土栽培根际环境的稳定性，避免非必需元素的累积“中毒”或“积盐”问题，确保无土栽培作物生长健康、活力持久，实现作物的优质高产。

多数人认为没有受到工业污染的干净河水、井水、自来水、雨水均可用于无土栽培。但是，在实际生产应用中需关注其中可能含有的各种杂质，它们都可能对营养液造成影响。例如，河水中可能含有沙子、有机颗粒物、虫卵、有害微生物及干扰营养液平衡的盐离子；井水中可能含有有机颗粒物、虫卵、有害微生物，过量的钙、镁、硫、钠、氟、铁及重金属元素，其电导率和酸碱度会干扰营养液平衡和有效性；自来水中的可溶性矿物质总离子浓度（电导率）也可能会干扰营养液平衡和有效性；雨水中则可能含有工业污染物、自然尘土沉降，未经处理的昆虫、枯枝烂叶都会影响营养液的酸碱度。

基质无土栽培不同于水耕栽培，水耕栽培一旦营养液盐分或有害物质含量超标，可以彻底更换营养液，使根部获得全新、优质的营养环境。基质栽培中，配制营养液的水源中所含的任何一种矿物质、微生物、颗粒物、有机质，都是一种不断积累、富集的过程。除了作物必需元素含量会出现阶段性升降或递减以外，非必需矿物质、微生物都是逐步累积的，因此，盐分积聚是基质无土栽培面临的主要问题。如果选择了最好的栽培基质，却忽略了对水质的要求，水中有害矿质元素和非必需元素矿物质的富集，会对根际环境产生不可逆转的破坏，从而使植物生育期缩短，后期产量、品质下降，即使采取滴灌清水“洗盐”，也不会有太好的效果，还会造成大量的水资源浪费。因此，基质栽培必须重视水质问题。

（三）养分失衡

无土栽培养分供应的最大优点是营养均衡且长期有效，这是实现作物优质高产的前提。目前，国内的无土栽培主要方式为有机生态型无土栽培，其优点是管理简单。但该模式因沿用了土壤栽培的经验和基于降低成本的考虑，在配制基质时，会添加鸡粪、猪粪、牛粪、饼肥等农家有机肥，或者添加氮磷钾复合肥、过磷酸钙、磷酸二铵、尿素等普通化肥。虽然这些肥料是土壤栽培的优质肥源，但它们并不是无土栽培的理想肥源。这些肥料中含有大量的“杂质”，有些含过量的钠，有些含过量的钙、磷、氮，有些含过量的重金属汞、砷、铬和其他无益物质。这些复杂的养分会影响无土栽培即时精准的养分管理，并且在不断追施这些肥料的过程中，大量附属的无益矿物质、重金属成分被富集在基质中，使得根部周围形成高盐分胁迫环境，影响有益元素的正常吸收（离子拮抗），不利于无土栽培的优质和安全生产。

为此，要实现基质栽培管理过程的标准化和产品质量安全可控，应避免使用普通化肥、普通有机肥作为无土栽培的营养源，即使作为部分“替代性养分”考虑，也只能在配制基质时作为“基肥”少量添加，不宜大量添加或依赖这类肥料，尤其不应连续追施，否则，必然是弊大于利。无土栽培应选择有效成分含量高、纯度高，且含植物必需元素的化合物来配制“全价营养液”，使有益元素能完全根据作物的生长发育需要实现“即时调控”，发挥每一种矿质营养应有的“营养价值”，使作物在整个生长发育过程中，始终处于理想的养分供给状态。

（四）滴管堵塞供液不均

现阶段国内外的基质无土栽培，其水肥供给的灌溉方式以滴灌为主，滴管的微细滴孔结构作为单纯的灌溉使用时，做好水的“过滤”可有效减少“物理堵塞”，并延长到引起“化学堵塞”的使用周期。然而，无土栽培的灌溉是水肥同步的，水中添加的营养液成分增加了滴灌系统物理堵塞的概率，也加剧了化学堵塞的进程。同时，更容易引起绿藻滋生而产生“生物堵塞”。通常，国内的无土栽培果菜，即便是新安装的滴灌设施，在一茬果菜未结束前，物理堵塞、生物堵塞现象就已有发生。而第二茬以后的化学堵塞、物理堵塞现象就更为普遍了。灌溉进行时或灌溉后检查因“堵塞”而造成缺水的补救作业，是无土栽培生产者一项较为烦琐的工作。

滴管一旦发生局部或成片的堵塞问题，就意味着一个栽培系统内的作物水肥供给不均匀、不均衡，从而导致作物生长发育情况、果实产量、品质不一致，使智能化、标准化、工厂化的无土栽培，变成需要大量人力辅助的农艺作业，作物的商品性、品质难以得到提升，丧失了无土栽培原有的产业优势。

（五）“肥害” 严重

国内基质无土栽培的营养与水肥供给管理，多数只重视营养液浓度的配制，而忽略作物根部基质中的电导率（总离子浓度）变化。例如，温室内加温引起空气干燥时；夏秋温室内通风降温时；室内光照强度大、温度高、植株蒸腾旺盛时，如果供给的营养液浓度不能实现水肥同步吸收，植物根部基质中的离子浓度在白天几个小时中会迅速升高，造成根部的“盐分胁迫”，从而导致植株生理性失水萎蔫，稍不注意就会影响作物的产量、品质。

大多种植者认为无土栽培会缺乏营养，因此盲目增加营养液中的某个营养元素浓度，甚至进行根外追肥。其实这会造成严重的“高浓度肥害”，从而造成水分代谢障碍，水分吸收已经发生障碍时，叶片会出现无光泽、灰暗，色泽变深，生长点附近节间变短，早晨叶片不吐水等现象。

所以，基质无土栽培要注意根部基质中总离子浓度的变化并及时进行检测和调控。植株一旦受到伤害，生长与结果之间的平衡就会被打破且很难恢复，这也是高温季节无土栽培草莓植株长势“弱化”的原因之一。

第三章 适合基质栽培草莓品种及特性

基质栽培应考虑品质上乘、抗病性较强、植株生长势较强、结果能力较强的草莓品种。

一、红颜

日本引进，草莓浅休眠品种，大果型。5℃左右的低温50h即可满足该品种的需冷量。该品种株型高大清秀，茎、叶色略淡。株高28.7cm，株幅25cm，花茎粗壮直立，花茎数和花量都较少。休眠程度较浅，花芽分化与丰香品种相近，略偏迟。花穗大，花轴长而粗壮。果实长圆锥形，果面和内部色泽均呈鲜红色，着色一致，外形美观，富有光泽（图3-1，见彩图）。最大果重110g，平均单果重25g（一代顶果平均重45g），可溶性固形物含量平均14.3%。香味浓，酸甜适口，果实硬度适中，耐储运。耐低温能力强，在冬季低温条件下连续结果性好，但耐热耐湿能力较弱，较抗炭疽病，耐白粉病。红颜连续结果性强，丰产性好，平均单株产量在350g以上，每亩栽苗6000～10000株，一般每亩产量可达2800kg左右。该品种具有长势旺、产量高、果形大、口味佳、外观漂亮、商品性好等优点，鲜食加工兼用（极佳鲜食品种），适合日光温室及大棚促成栽培，是一个很有发展前途的、适合都市农业生产的优良品种。

二、章姬

章姬为短休眠品种，需冷量120h即可满足。株型较直立，长势旺，株高

35cm 左右。叶片较大，长圆形，匍匐茎抽生能力较强。花序长，花数多，连续结果能力强，单株结果数 30～40 个，高级花序较多要及时疏去。第一花序平均单果重 25g，整个生长期平均单果重 18g，果实长圆锥形，鲜红色，偏软，口感好，香味浓郁，果形美观整齐（图 3-2，见彩图）。可溶性总糖含量 9.3％，总酸含量 0.53％。休眠浅，花芽分化比‘丰香’早，始采期比‘丰香’早 5d，开花至成熟需 30～45d。炭疽病抗性中等，对白粉病抗性较强。该品种抗低温能力相对红颜较强，不耐高温，高温容易产生徒长现象。

三、 点雪

由日本引进，属于短休眠品种，需冷量 100h 左右。该品种株型较直立，长势旺，株高 30cm 左右。叶片较大，长圆形，花序长，花数多，高级花序较多要及时疏去。第一花序平均单果重 22.5g，整个生长期平均单果重 18g，果实长圆锥形，偏软，口感好，香味浓郁，果形美观整齐（图 3-3，见彩图）。可溶性总糖含量 9.0％，总酸含量 0.65％。对炭疽病抗性中等，白粉病抗性较强。

四、 隋珠

由日本引进，属于短休眠品种，该品种成熟较‘红颜’早。其植株生长态势很强，结果多，花瓣白色，花柄粗。果实呈标准的圆锥形，果粒大，横径可达 5～6cm，深红色，有丝状光泽，果面色泽好，大果率高，第一穗果平均果重可达 25～30g，果面平整，深红色，有蜡质感（图 3-4，见彩图）。果肉细润、甜绵，糖酸比高，入口清爽怡人，甘甜中带有优雅的香气，浓郁的草莓风味久久留于唇齿间。一般每亩产量可达 3500kg 以上。对炭疽病抗性中等，对白粉病抗性较强。

五、 圣诞红

由韩国引进，该品种比‘红颜’早熟 7～10d，株型直立，株高 19cm。叶面平展而尖向下，叶厚中等。叶片黄绿色有光泽，椭圆形，边缘锯齿钝，质地革质平滑，叶柄紫红色。花序平或高于叶面，直生，白色花瓣 5～8 枚，花瓣圆形且相接。果实表面平整，光泽强，果面颜色红色。果实 80％为圆锥形，10％为楔形，10％为卵圆形（图 3-5，见彩图）。最大单果重 76g，第一穗果平均单果重22g，果实萼下着色中等，宿萼反卷，绿色。种子微凸果面，颜色黄绿兼有，密度中等。果肉橙红，髓心白色，无空洞，肉细，质地绵，口味甜。可溶性固形物为13.1%，果实硬度高于‘红颜’，耐储性中等。对于白粉病、灰霉病的抗性均比‘红颜’和‘章姬’高，耐低温能力强，在冬季低温条件下连续结果性好，对炭疽病、白粉病、枯萎病有较强的抗性。

六、栎乙女

短休眠品种，需冷量200h左右，成熟期比红颜晚。该品种株型较直立，生长势较强，株高25cm左右。叶片较大，长圆形，匍匐茎抽生能力较强。花序短，花数中等，连续结果能力一般，单株结果数20～30个，高级花序较多要及时疏去。第一花序平均单果重30g，整个生长期平均单果重12.6g。果实短圆锥形，鲜红色，果实较硬，口感好，香味浓郁，果形美观整齐，果实成熟度达到85%时口味最佳。果实的果肩部位是白色，下部红色，尖部深红色，商品性很好。可溶性总糖含量10.3%，总酸含量0.57%。对白粉病有较强的抗性。

七、京藏香

北京市农林科学院培育的品种，2013年审定。母本‘早明亮’，父本‘红颜’。果个中等，圆锥形，亮红色，硬度适中，口味佳，香味浓郁，连续结果能力强，果实成熟与甜查理相近，在2013年第九届中国草莓文化节上获得“长城杯”。适栽区：已推广至北京、辽宁、山东、云南、内蒙古、河北等地，也适合西藏等高海拔地区（图3-6，见彩图）。

八、京承香

北京市农林科学院培育的品种，2013年审定。母本‘基质特拉’，父本‘鬼怒甘’。果个大，硬度大，丰产性强，较抗白粉病、灰霉病。在2013年第八届全国草莓擂台赛上获得‘金奖’。适栽区：已推广至北京、河北、辽宁、江苏、安徽等地。

九、京桃香

北京市农林科学院培育品种，2014年通过初审。母本‘达赛莱克特’，父本‘章姬’。果个中等，果实呈圆锥形，果面亮红色，抗病性强，有浓郁的黄桃香味（图 3-7，见彩图）。

十、京留香

北京市农林科学院培育品种，2013 年审定。母本‘卡姆罗莎’，父本‘红颜’。果型整齐，果个大，香味浓，丰产性强，适合观光采摘。适栽区：已推广至北京、河北、安徽、辽宁、江苏等地（图 3-8，见彩图）。

十一、京泉香

北京市农林科学院培育品种，2012 年审定。母本：‘01-12-15’，父本‘红颜’。果实香甜，口感好，长势强，香味浓。适栽区：已推广至北京、河北、云南、辽宁、内蒙古、江苏、安徽、山东、青海等地（图 3-9，见彩图）。

十二、红袖添香

北京市农林科学院培育品种，2010 年审定。母本‘卡姆罗莎’，父本‘红颜’。果实长圆锥形或楔形，果面全红，果肉红色，酸甜适中，有香味。植株长势强，连续结果能力强。果个大，最大果重 98g。丰产性强，抗白粉病，非常适合有机生产（图 3-10，见彩图）。适栽区：已推广至北京、云南、河南、甘肃、陕西、安徽、河北、山东、辽宁、内蒙古、江苏、四川、西藏等地。

十三、京御香

北京市农林科学院培育品种，2011 年审定。母本‘卡姆罗莎’，父本‘红颜’。果面红色，有光泽，风味浓，果个大，连续结果能力强，耐储运。抗白粉病、灰霉病。适栽区：已在北京、河北等地试栽。

十四、京怡香

北京市农林科学院培育品种，2012 年审定。母本‘卡姆罗莎’，父本‘红颜’。果实香甜，口感好，长势强。抗白粉病、灰霉病。亩产可达 2500kg。适栽区：已推广至北京、安徽、河北、河南、云南、广西等地。

十五、京醇香

北京市农林科学院培育品种，2012 年审定。母本‘01-12-15’，父本‘鬼怒甘’。花量适中，果肉脆，耐储运，有特殊香味，不易感病，具有较高的商品价值。适栽区：已在北京、河北等地试栽。

十六、天香

北京市农林科学院培育品种，2008 年审定。母本‘达赛莱克特’，父本‘卡姆罗莎’。果面鲜红，果实圆锥形，果形整齐，货架期长，耐储运。适栽区：已推广至北京、河北、山东、辽宁、四川、江苏、黑龙江等地。

十七、燕香

北京市农林科学院培育品种，2008 年审定。母本‘女峰’，父本‘达赛莱克特’。果面橙红色，有光泽，果梗长，酸甜适中，有香味。抗病性强，丰产性强。适栽区：已推广至北京、河北、山东、湖北、辽宁、四川、江苏、黑龙江、重庆、广东等地。

十八、书香

北京市农林科学院培育品种，2009 年审定。母本‘女峰’，父本‘达赛莱克特’。完全成熟时果面深红，浓郁的茉莉香味，果大，产量和抗病性优于‘女峰’，成熟期早于‘达赛莱克特’。适栽区：已推广至北京、河北、山东、辽宁、四川、江苏、黑龙江等地。

十九、冬香

北京市农林科学院培育品种，2010 年审定。母本‘卡姆罗莎’，父本‘红颜’。果面红色，酸甜适中，花序抽生能力强，单花序花量少，自然坐果率高，丰产性较强。不抗白粉病。适栽区：已在北京、河北等地试栽。

二十、 京凝香

北京市农林科学院培育品系。母本‘卡姆罗莎’，父本‘章姬’。风味浓，抗病性强，清香，产量高，综合性状优良。适栽区：已在北京、河北等地试栽。

二十一、 粉红公主

北京市农林科学院培育品种，2014年通过初审。母本‘章姬’，父本‘给维塔’。果中等，圆锥形或楔形，肉质细，连续结果能力较强。适栽区：已在北京、河北等地试栽，适合促成栽培。

第四章 基质栽培形式及栽培基质

第一节 基质栽培形式

草莓基质栽培模式主要有两种，按照高度分为高架栽培和地面栽培。高架基质栽培模式多种多样，根据栽培方式可分为 H 形、A 形、管道式、可调节式、柱式等。地面栽培常见的有 PVC 槽栽培以及半基质栽培，其中半基质栽培发展迅速。

一、H 形高架基质栽培

（一）单层 H 形高架栽培

采用 C 形钢管做栽培槽水平支撑杆，塑料膜做单层栽培槽。每隔一定距离在水平支撑杆两侧用方钢做垂直支撑杆，两侧垂直杆间用钢片连接以固定，其侧面结构图似英文大写字母“H”（图 4-1，见彩图）。

该架式材料简单，制作简易，减轻了支架的负担，降低了成本，经久耐用。H 形支架高度低，架间基本无遮光问题，且更利于人工管理、采摘，省工省时。

（二）双层H形高架栽培

双H形模式由立柱支架、栽培槽和排水槽组成，栽培槽分上、下两层，侧面结构图似两个英文大写字母H（图4-2，见彩图）。

双H形比传统地面栽培单位面积增加种植株数70%左右，增加产量1.5～2倍。由于上、下层光照环境不同，下层比上层草莓采收期延后2～4周，能延长温室果实采收期。

（三）三层H形高架栽培

三层H形模式同样由立柱支架、栽培槽和排水槽组成，栽培槽分上、中、下三层，侧面结构图似三个英文大写字母“H”（图4-3，见彩图）。

二、后墙管道基质栽培模式

在日光温室后墙上设置栽培管道，根据后墙高度可设置3～4排。管道栽培一般采用的是市场常见的PVC管道，PVC管放于水平的钢架结构上固定。具体结构见图4-4至图4-6；图4-7，见彩图。

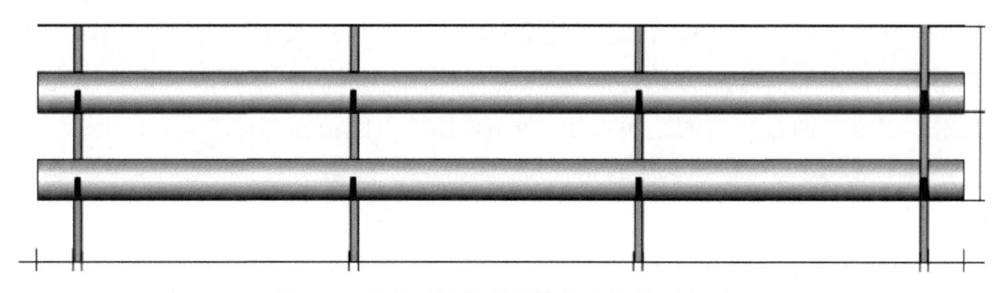

图4-4　草莓后墙管道栽培模式整体示意图

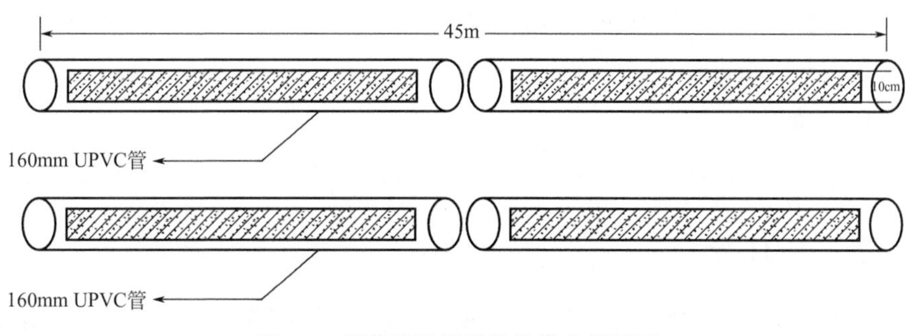

图4-5　草莓后墙管道栽培模式剖面图

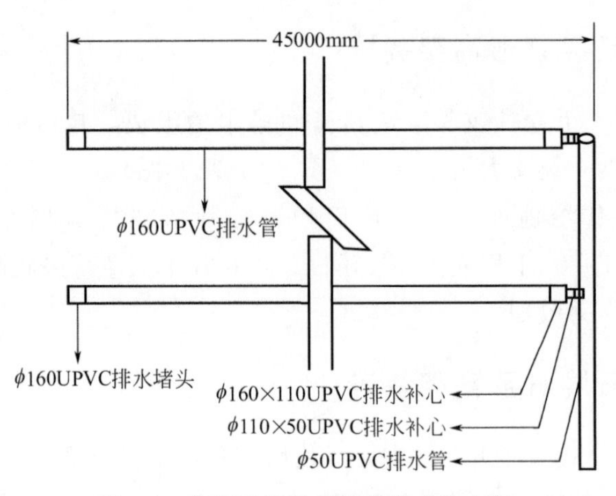

图 4-6　草莓后墙管道栽培模式给水图

（一）安装技术

1. 材料栽培管道

使用的是直径不低于 160mm 的 PVC 管。

2. 架构栽培管道

上部截面宽 100mm，在温室后墙固定两排，单排长度不低于 45m，栽培管道用国标 4cm×4cm 方钢每隔 1.5m 牢固固定在后墙上，要求管道之间连接紧密不漏水，两排管道间距不低于 50cm，原则上距地面高度 50cm 以上。

管道安装时，供水一侧高出另一端 30cm，倾斜一定角度，有利于水分排出。

3. 基质组成

草炭、蛭石、珍珠岩比例 2∶1∶1 混合。草炭绒长不低于 0.3cm，珍珠岩粒径不低于 0.3cm，蛭石粒径不低于 0.1cm。三种材料均匀混合，要求填装紧实，略高于管道截面。

4. 滴灌系统

主管材料为直径 32mm 的 PVC 管道，滴管采用滴距为 15cm 的滴灌带。

（二）优势

墙体栽培不仅不会影响墙体的坚固度，而且对墙体还能起到一定的保护作用，有效地利用了空间，节约了土地，实现了单位面积上更大的产出比。后墙管道的采光条件较好，可充分利用太阳光，有利于草莓植株生长和果实品质的提高。

三、 A形基质栽培模式

此种A形栽培架主体框架为钢结构，左右两侧栽培架各安装3～4排栽培槽，栽培槽一般用PVC材料制作，层间距57cm，栽培架宽1.2m左右；栽培槽一般用PVC材料制作，直径为25cm；立架南北向放置，各排栽培架间距为70cm。具体示意图（图4-8）和效果图（图4-9）如下。

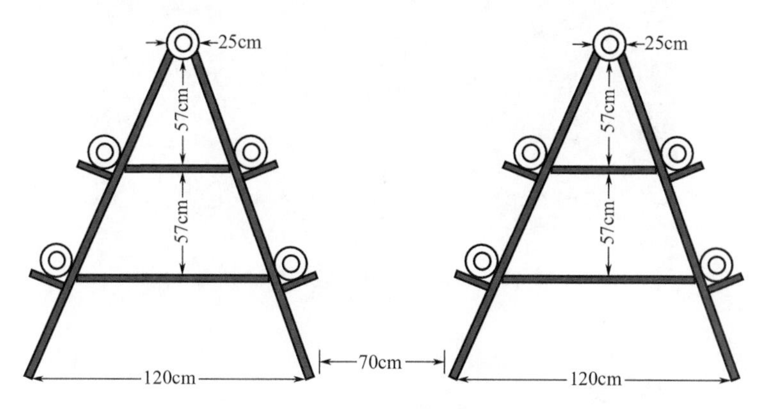

图4-8　A形基质栽培模式结构

图4-9　A形基质栽培模式效果

A形基质栽培模式大大减轻了劳动强度。单位面积栽培架上栽培的草莓数量是平地栽培的2倍，产量比原来提高1.6倍。

四、 可调节式基质栽培模式

可调节式基质栽培模式是将宽10cm、深10cm塑料膜栽培槽悬吊于空中，草莓单行种植。平时栽培槽可紧密排列，当需要进行行间操作时，可电动控制以调整栽培槽悬吊高度与间距（图 4-10）。该种栽培模式优点是栽培槽下方空间大，可进行育苗等其他作业，充分利用了温室空间。

图 4-10　可调节式基质栽培模式效果

五、 柱式栽培模式

吊柱式栽培模式的栽培柱采用比较轻便的 PVC 管材，在管的四周按螺旋位置开种植孔，上端用滴箭供给营养液，充分利用了温室上层空间，展示效果美观（图 4-11）。

图 4-11　吊柱式栽培模式效果

家庭立柱式模式由一根立柱和若干只 ABS 工程塑料盆钵经中轴串联而成，可推动旋转，使柱上植物均匀采光，通过最上层滴淋装置和各层花盆底孔的渗漏作用浇水施肥。这种架式新颖美观，配以不同颜色的花盆，立体绿化、美化效果强，占地小，适合家庭阳台种植（图 4-12）。

图 4-12　家庭立柱式栽培模式效果

第二节　常用栽培基质

基质根据分类可以分为有机基质、无机基质以及有机与无机混合基质。有机基质（图 4-13），如草炭、稻壳、锯末等；无机基质（图 4-14），如蛭石、珍珠岩、岩棉等各种基质的组成及特点如表 4-1 所示。

表 4-1　各种基质的组成及特点

类型	组成	优点	缺点
无机基质	石砾、细沙、陶粒、珍珠岩、岩棉、蛭石等	化学性质比较稳定，通常含有较低的阳离子交换量	没有营养成分，需要持续补给作物生长所需的营养
有机基质	堆肥、泥炭、锯末、椰糠、炭化稻壳、腐化秸秆、棉籽壳、芦苇末、树皮等	含有一定的营养成分，材料间能形成较大的空隙，从而保持混合物的疏松及容重	各批次间品质差异大，有机成分在分解、吸收、代谢机制尚不明确，影响了其自动化控制的应用
混合基质	草炭和蛭石、草炭和珍珠岩、有机肥及农作物废弃物混合等	可以根据实际需要，灵活配置基质	由两种或两种以上基质混合配制而成的，比例不同性质差异较大，有一定应用难度

基质栽培对基质的要求需要满足以下条件：

1. 具有一定大小的固形物质

这会影响基质是否具有良好的物理性状。基质颗粒大小会影响容量、孔隙

(a) 泥炭　(b) 椰糠　(c) 秸秆　(d) 锯末　(e) 棉籽壳　(f) 稻壳

图 4-13　常见的有机基质

度、空气和水的含量。按粒径大小可分为五级，即 1mm、1～5mm、5～10mm、10～20mm、20～50mm。可以根据栽培作物种类、根系生长特点、当地资源状况加以选择。

2. 具有良好的物理性质

基质必须疏松，保水保肥又透气。南京农业大学吴志行等研究认为，对蔬菜作物比较理想的基质，其粒径最好以 0.5～10mm，总孔隙度＞55%，容重

(a) 石砾　(b) 陶粒　(c) 珍珠岩　(d) 蛭石

图 4-14　常见的无机基质

为 0.1～0.8g/cm^3，空气容积为 25%～30%，基质的水气比为 1∶（2～4）。

3. 具有稳定的化学性状

本身不含有害成分，不使营养液发生变化。基质的化学性状主要指以下几方面：

（1）pH 值　反映基质的酸碱度，非常重要。会影响营养液的 pH 值及成分变化。pH＝6～7 被认为是理想的基质。

（2）电导度（EC）　反映已经电离的盐类溶液浓度，直接影响营养液的成分和作物根系对各种元素的吸收。

（3）缓冲能力　反映基质对肥料迅速改变 pH 的缓冲能力，要求缓冲能力越强越好。

（4）盐基代换量　在 pH＝7 时测定的可替换的阳离子含量。一般有机基质如树皮、锯末、草炭等可代换的物质多；无机基质中蛭石可代换物质较多，其他惰性基质可代换物质很少。

4. 要求基质取材方便，来源广泛，价格低廉

在基质栽培中，基质的作用是固定和支持作物、吸附营养液、增强根系的透气性。基质是十分重要的材料，直接关系栽培的成败。基质栽培时，一定要按上述几个方面严格选择。北京农业大学园艺系通过 1986～1987 年的试验研究，在黄瓜基质栽培时，营养液与基质之间存在着显著的交互作用，互为影响又互相补充。所以水培时的营养液配方在基质栽培时，特别是使用有机基质时，会受基质本身元素成分含量、可代换程度等因素的影响，使配方的栽培效果发生变化，这是应当考虑的问题，不能生搬硬套。

综合以上条件，目前在草莓实际生产中，基质栽培常用的基质有草炭、蛭石、珍珠岩、椰糠、蘑菇渣等。

一、草炭

草炭又叫泥炭，是各种植物残体在水分过多、通气不良、气温较低的条件下，未能充分分解，经过上千年的腐殖化后，形成的一种不易分解、性质十分稳定的堆积成层的有机物。草炭属于不可再生资源，椰糠渐渐成为现在生产上代替草炭使用的新型园艺栽培基质。

（一）草炭特性

我国草炭含水量在 60%～80%，在水分含量低的情况下，还可从空气中吸收 20%的水分，在农业利用中，可改善保水性；有机质在 30%～90%，腐殖酸含量一般为 10%～30%，高者可达 70%以上，灰分含量 10%～70%；含有 22 种氨基酸、丰富的蛋白质和腐殖酸态氮，磷、钾含量较多，还包括钙、镁、硅及其他多种微量元素。草炭能改善土壤的一些理化性状，使土壤的有机质和腐殖质含量增多、pH 值下降、微生物数量增多等；同时，还可以防止土壤硬化，疏松黏质基质，调节砂质基质，在栽培中具有促进生长、提高成活率、延长花期、缩短生育期等方面的功能。

（二）草炭应用

现今世界草炭开采量（近 2 亿吨/年）的 70%都用于农业。俄罗斯在近十年来，用于农业（包括园艺）的草炭数量已占年总产量的 60%；波兰、匈牙利、捷克、斯洛伐克、加拿大、美国和瑞典等国家生产的草炭也大部分用于农业。欧洲园艺草炭输入量与消耗量对比情况如表 4-2 所示。

表 4-2　欧洲园艺草炭输入量与消耗量统计对比

欧洲草炭输入国	草炭生产量/10^4m^3	占欧洲总输入量/%	欧洲草炭消费国	草炭消耗量/(10^4m^3)	占欧洲消耗量/%
德国	900	26.20	德国	430	26
加拿大	750	21.83	荷兰	340	20
爱沙尼亚	350	10.19	英国	250	15
俄罗斯	280	8.15	芬兰	150	9
英国	270	7.86	瑞典	100	6
美国	240	6.99	意大利	100	6
爱尔兰	200	5.82	比利时	80	5
芬兰	185	5.39	法国	65	4
瑞典	14 0	4.07	爱尔兰	50	3
波兰	80	2.3	西班牙	25	2
白俄罗斯	20	0.6			
挪威	10	0.3			
乌克兰	10	0.3			

草炭在农业上的应用，具有种类多、用量大、综合效益高等特点，主要是用于制备各种腐殖酸类肥料（主要品种包括腐殖酸铵、腐殖酸氮磷以及泥堆沤肥等）、营养基质、营养钵以及饲料等。实际应用中，草炭多用于与其他介质一起配制栽培营养基质。在当前的研究中，针对特定植物的草炭混合基质的配比，较受研究者的关注。法国用草炭加入火山凝灰物质（体积比 1∶1）混合制成营养基质用于栽培花卉，效果良好。德国西部则把草炭加工成颗粒状，用于提高温室中作物的产量和品质。我国目前也已获得多种花卉、蔬菜最适宜的草炭混合基质的配比。在草莓生产上，草炭一般与蛭石、珍珠岩按照草炭∶蛭石∶珍珠岩比例为 2∶1∶1 制成混合基质，作为草莓育苗基质和种植栽培基质使用。

二、 蛭石

蛭石是一种天然、无毒的黏土矿物，由云母风化或蚀变而形成。蛭石是硅酸盐，层间存在大量的阳离子和水分子。蛭石为褐黄色至褐色，有时带绿色色调，为土状光泽、珍珠光泽或油脂光泽，不透明。

园艺用蛭石常用规格有两种：1～3mm（用于育苗）、3～5mm（用于无土栽培等）。其他规格有：8～12mm、4～8mm、2～4mm、1～2mm、0.3～1mm、40～60 目、60～80 目、80～100 目、100 目、150 目、200 目、325 目等。各种蛭石规格见图 4-15。

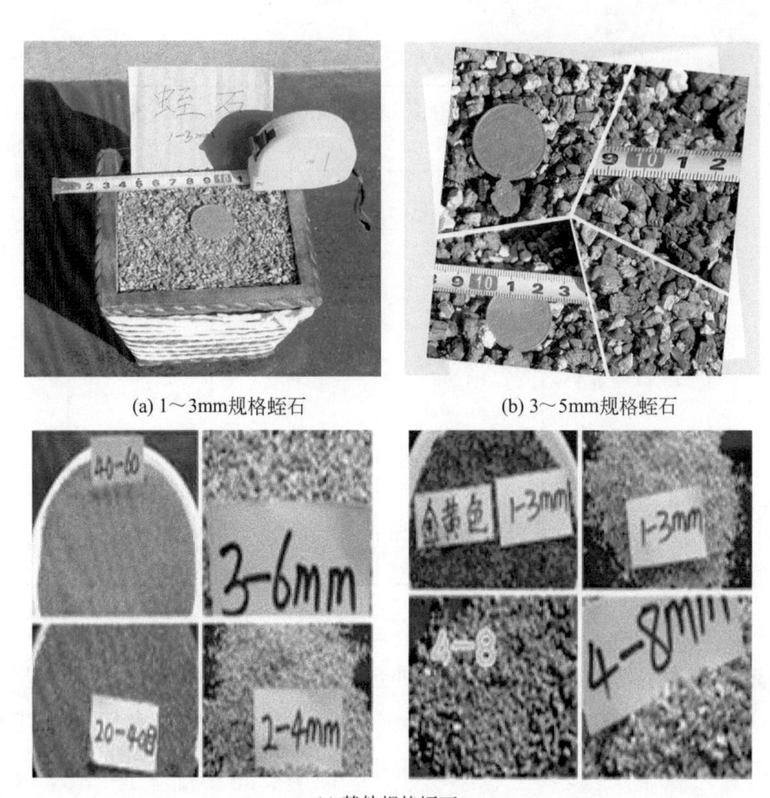

(a) 1～3mm规格蛭石

(b) 3～5mm规格蛭石

(c) 其他规格蛭石

图 4-15　各种蛭石规格

（一）蛭石特性

蛭石具有良好的阳离子交换性和吸附性，可改善土壤的结构，储水保墒，提高土壤透气性和含水性，使酸性土壤变为中性土壤；可起到缓冲作用，阻碍pH值迅速变化，使肥料在作物生长介质中缓慢释放；可向作物提供钾、镁、钙、铁元素以及微量的锰、铜、锌等元素。蛭石的吸水性、阳离子交换性及化学成分特性，使其起着保肥、保水、储水、透气和矿物肥料等多重作用。

（二）蛭石应用

蛭石由于独特的理化特性，不但可以作为土壤改良介质（图 4-16）改善土壤理化性质，还能作为栽培介质用于花卉、蔬菜、水果的栽培、育苗等方面（图 4-7）。蛭石的阳离子交换能力强，在分子结构中可以保持养分然后缓慢释放到生长介质中，能够有效地促进植物根系的生长和小苗的稳定发育，促进植物较快生长，增加产量，故作为无土栽培的垫层及蔬菜、水果、花卉、家养植物生长的分离隔层很有用（图 4-16、图 4-17）。

图 4-16　蛭石作为土壤改良介质

(a)　(b)

图 4-17　蛭石作为栽培介质

三、 珍珠岩

珍珠岩是一种火山喷发的酸性熔岩经急剧冷却而成的玻璃质岩石，因其具有珍珠裂隙结构而得名。珍珠岩常见规格有两种（图 4-18）：2～4mm、4～7mm。

（一） 珍珠岩特性

珍珠岩无毒，无味，不腐，不燃，耐酸碱，化学性质稳定，pH 值呈中性。珍珠岩内部呈蜂窝状结构，吸水性可达自身重量的 2～3 倍，具有良好的透水、透气性，是栽培和改良土壤的重要基质，可以有效地降低土壤黏性和密度，增加土壤透气性，提高栽培效果。

（二） 珍珠岩应用

珍珠岩一般可用于农业、园林、花卉的育苗、扦插和栽培。珍珠岩可作为土

图 4-18　珍珠岩常见的两种规格

壤调节剂，改良土壤；它的保水、保肥能力强，透气性好，可促使根系生长旺盛；可作为杀虫剂和除草剂的稀释剂和载体；可防止农作物倒伏；可控制肥效。

四、椰糠

椰糠是由椰子外壳加工而形成的天然种植材料，是目前比较流行的育苗、种植基质，适合蔬菜、花卉、水果的无基质栽培。椰糠作为基质有三种类型：椰糠压缩块、椰壳纤维片和椰壳碎片（图 4-19）。椰糠压缩块是水藓草炭的理想替代物；椰壳纤维片是专为种植爱好者用的特定的产品，可直接放入花盆，加水膨胀；椰壳碎片是理想的盆栽树皮替代物，用于兰花盆栽和花坛装饰。

(a) 椰糠压缩块

(b) 椰壳纤维片

(c) 椰壳碎片

图 4-19　三种类型椰糠基质

（一）椰糠特性

椰糠 pH 值为 5.0～6.8，碳氮比约 80∶1，有机质含量为 940～980g/kg，有机碳含量为 450～500g/kg，保水透气性好，结构稳定，天然有机，不含化学物质或虫卵，性价比高，环境友好，可循环使用五年以上。椰糠具体化学成分参考指标见表 4-3。

表 4-3 椰糠化学成分参考指标

指标	数值
pH	5.0～6.8
碳氮比	80∶1
纤维素/%	20～30
木质素/%	65～70
有机质/(g/kg)	940～980
有机碳/(g/kg)	450～500

（二）椰糠应用

在草莓生产上，椰糠具有可以充分保持水分和养分，可促使根系旺盛，自然分解缓慢，延长了基质的使用期，节省了生产成本。椰糠可以单独作为基质，也可和草炭、珍珠岩等其他基质混合使用。椰糠是水藓草炭的理想替代物，可应用于农田、园艺、景观、育苗、蘑菇生产等。但目前在生产上，椰糠脱盐没有制定明确的标准，盐分含量差异很大，限制了其推广应用。

五、蘑菇渣

随着我国食用菌产业迅速发展，在其采收后产生大量蘑菇渣废料，为了节约资源、避免环境污染，蘑菇渣基质应运而生。蘑菇渣基质是由蘑菇菌棒经过发酵或高温处理后，形成一个相对稳定并具有缓冲作用的全营养栽培基质（图 4-20）。蘑菇渣基质生产过程如下：蘑菇渣破袋以后粉碎、过筛，制成长度在 0.5～1cm 以下的细碎菇渣；经过高温发酵以后，调整其 pH 值，使之适合植物生长，经过晾晒以后形成蘑菇渣基质。

（一）蘑菇渣特性

蘑菇渣疏松多孔，能替代草炭用于生产栽培。相比于草炭，蘑菇渣具有通气性好、渗透性强的优点，但其持水量少，保水性强，浇水方式应以少量多次为宜。

图 4-20 蘑菇渣

（二） 蘑菇渣应用

蘑菇渣中不但有粗蛋白、粗脂肪和无氮浸出物，还含有钙、磷、钾等矿物质元素，在农业生产中具有很广的应用前景。虽然蘑菇渣具有多种优点，但因为其 pH 值、EC 值偏高，加之市场上还没有明确的脱盐标准，限制了蘑菇渣基质的发展。

六、 草莓基质栽培基质比例

植物生长最理想的栽培基质环境是固液气三项的比例应为 2∶1∶1，即栽培基质中固体物质比例应该占 50%、液体部分占到 25%、孔隙度的空气占 25%，但在实际生产过程中，考虑到设施条件的差异及后期人工管理的方便会适当调整栽培基质比例。对于草莓栽培来讲，它对基质理化性质有以下几点要求：①草莓为浅根性植物，叶片多叶面积大，蒸腾作用强，要求有充足的水分供应，但基质含水量过多会使根系缺氧，影响植株的生长发育，这就要求基质既有一定的保水性又要适当疏松透气，具有一定的排水性能，因此基质的颗粒不宜太细，要有一定的粗度。②从基质的原料来讲，可选择的种类很多，但从科学、经济和实用的角度来讲，草炭、腐熟锯末、初步加工过的树皮是稳定性最好的，适宜做容器栽培基质。在目前实际生产过程中草莓栽培的基质多是草炭、珍珠岩、蛭石等常用原料，除此之外，其他很多有机物质也可作为原料，但使用前要充分了解这些物质的稳定性，有的稳定性差，物质易分解，在分解的过程中会和植株争夺养分，同时有些基质材料在发酵过程中产生热，容易伤害草莓的根系，尤其在缓苗过程中的草莓根系比较柔嫩，遇到逆境容易回缩，不利于草莓根系生长。随着时间的拉长，基质在分解后会造成基质孔隙度减小，造成板结，影响通气性。据法国的一项研究表明，秸秆、木屑、稻壳这一类原料稳定性只有0～30%，是不适合作为基质原料的，再加上原料的供应也不太稳定，所以不提倡使用此类原料。③草炭，本身肥力低，可吸持的水分相当于自身重量的8～10倍，蓄水保肥能力强；珍珠岩可增加通气性，保水性强，但质地轻，浇水后易浮于表面；松鳞是松树皮腐熟发酵晒干而成的，可改善通气性和排水性；椰糠也是草莓栽培基质中很常用的原料之一，有良好的透气性和保水性，因其价格便宜、原料易得，很受园艺生产者的欢迎。国外使用的大多是缓冲椰糠，国内为水洗椰糠，因其只是洗掉了表面的钠钾离子，并不能洗掉颗粒内部结构的钠钾离子，在生产过程中会将钙镁肥固定在椰糠颗粒内部结构中而得不到充分利用，所以提倡使用水洗椰糠，但用量比例不宜太大，一般控制在20%～30%较为合适，椰糠用量越大对技术员的技术要求越高。④草莓生长的适宜pH值为5.5～6.5，为此，草莓容器栽培基质的pH值以5.5～6.5为最好，EC值在栽培前控制在0.5～1，不宜过高，尤其在草莓定植时EC值越低越好，利于草莓种苗缓苗，同时也便于在使用过程中调配，不会对植物造成伤害；根据植株的生长情况合理调控施肥方案，需定期检测基质的pH值、EC值。⑤配制混合基质时，最好添加一些包膜控释肥，这样可以为草莓植株提供营养来源，促进草莓健壮生长，也可以降低后期水肥管理难度。通过几年的观察和试验发现，在基质混合中加上缓释氮肥可以提高草莓的长势和产量，防治后期早衰现象的发生。在生产中一般混拌基质建议现配现用，闲置时间不宜超过1周，同时不能浇水后暴晒时间过长，否则基质中的有机物容易发酵产生热，改变基质的理化性质，影响草莓的生长。⑥对草莓栽培基质而言，除了要有良好的理化性质外，也要考虑其经济成本，因为草莓生产中需要大量的基质，成本不能高。⑦综合以上要求，通过几年的生产实践推荐以下草莓栽培基质配方：50%草炭+25%珍珠岩+25%蛭石+控释肥4kg/m^3。

在北方草莓基质栽培中，一般选择草炭∶蛭石∶珍珠岩按照2∶1∶1制成混合基质。草炭绒长要求不低于0.3cm，蛭石粒径要求不低于0.1cm，珍珠岩粒径要求不低于0.3cm（图4-21）。此种混合基质具有以下优势：

① 混合基质间空隙适中，有利于草莓根系深扎。

② 混合基质中草炭绒长0.3cm以上，能增加草炭自身表面积，使其快速吸收并锁定水分，增加基质的保水性；能提升草炭自身养分释放，促进微生物繁育，提供适合草莓生长的根系环境；能降低混合基质pH值，延长肥料的持久度；能牢固吸附并保存肥料，避免其挥发，提升肥效。

③ 混合基质中蛭石粒径0.1cm以上，能保障其阳离子交换性，促进自身

图 4-21　草炭、蛭石和珍珠岩的比例为 2∶1∶1

中微量元素释放，为草莓生长提供必备的矿物质元素；能隔温，降低气温对混合基质的影响，提升其保温性；能增加缓冲性，避免产生肥害，有效控制肥料施用，降低成本。

④ 混合基质中珍珠岩粒径 0.3cm 以上，能改善混合基质的密度，保障其透水性、透气性；其密度小，能降低基质总重量，减轻混合基质对栽培槽体的压迫。

另外可供参考的方案有：50％泥炭＋30％椰糠＋20％珍珠岩＋控释肥 $4kg/m^3$ 或者 50％泥炭＋30％松鳞＋20％椰糠＋控释肥 $4kg/m^3$ 。在实际操作过程中要根据环境及设施条件、成本预算等适当调整草炭和椰糠的比例，建议大面积使用前一定要根据当地采购的材料混合后进行试种。

考虑到基质栽培的施肥管理，据国内外学者研究表明：$1000m^2$ 草莓植株生产 5t 鲜果需要吸收纯氮 17.5kg、磷 8kg、钾 19.5kg；$1000m^2$ 种植草莓 8000 株若要收获 4.5t 果实，需施肥含纯氮 22kg、磷 18kg、钾 22kg。草莓生长过程中营养需求量以氮、钾和钙为主，磷的需求量相对较低。所以在前期氮需求量高，后期需补充高钙钾肥。建议在混拌基质中添加高氮、钾、低磷比例的控释肥，后期根据植株长势和不同时期施用不同配方的水溶性肥料。

正常栽培的草莓植株在晚秋低温后会进入休眠，但促成栽培的草莓植株在花芽分化以后，棚室进行保温，使草莓不进入休眠，会始终保持着旺盛的营养生长和生殖生长，从 11 月开始，草莓陆续开花结果，可持续 6 个月，植株负载较重，为防止植株和根系早衰，所以在定植前一定要施足基肥，另外在整个生长期适时追肥也尤为重要。草莓生育期限长，不耐肥，易发生盐害，所以追肥浓度不易过高，宜少量多次。草莓生育阶段对水肥有 3 个需求高峰，可通过观察现蕾加大水肥。第 1 次高峰是 10 月下旬第 1 花序现蕾，第 2 次高峰是 2 月第 2 侧花序现蕾，第 3 次高峰是 3 月第 3 侧花序现蕾。此外，草莓生产过程中可以适当补充 CO_2 气体肥。在冬季温室中，由于温室内少放风，或者只能暂时性放风，CO_2 浓度很低，通过 CO_2 施肥可以提高草莓的光合作用，降低蒸腾作用。

第五章

基质栽培技术

第一节　高架基质栽培

草莓基质栽培常见的就是架式栽培，利用高架栽培的装置可以移动，可以实现传统的土壤栽培和架式栽培轮换。近几年架式栽培的草莓发展很快，同时采用架式栽培生产模式的农户成功实现了多层种植，有效增加了种植空间，提高了单位面积空间立体的利用率。立体基质高架栽培生产模式不仅便于农户管理，还充分满足了广大市民的观光采摘需求。

一、 高架栽培在国内外发展状况

（一）国外高架草莓发展状况

种植草莓收入可观，它是一种高效益的经济作物，早在10年前的日本，草莓曾作为一个最重要的农产品来发展。但是近些年来，从事草莓生产的人越来越少，尤其是年轻人，有人推测日本草莓生产有在10年或15年内消失的危险，原因是许多人承受不了草莓生产的体力劳动。草莓的栽培从采苗开始，到育苗、育苗场管理、收获等，1年总劳动时间达到2000～2500h，而且大多数作业要求弯腰屈膝，因此生产者的身体负担重，加上生产者高龄化，导致近年来草莓种植面积减少。日本福冈县1991年种植面积达650公顷、总收入达

200亿日元，1998年为581公顷，减至1991年高峰时的89%；长崎县在1996年草莓生产毛收入第1次突破100亿日元，1998年栽培面积为285公顷，产量9390吨，是全日本栽培面积第七的主要草莓生产县，但是比高峰时的1990～1991年，草莓种植农户数已有所减少。以往草莓的研究偏向于优质、高效，没有关注生产对生产者健康的影响。事实上，草莓生产者的理想是省工、省力，因此省力栽培方式的开发就成为当务之急。同时，随着农户对栽培环境要求的呼声日益高涨，人们开始研究、推广经济可行的高架栽培。以长崎县为例，从1995年开始高架栽培系统开发栽培实验，1997年开始正式推广，普及情况为1997年5.3公顷，1998年10.9公顷，1999年13.5公顷，发展速度很快。

（二）草莓高架栽培发展的意义

高架栽培和地栽方式相比，作业姿势有了改善，定植和收获时工人身体前屈45°以上的姿势少了，上半身屈10°左右的站立姿势多了。应用此技术种植草莓，可使生产者站着栽种和采摘，用工由原来每亩5～6个减少1～2个，大大减轻了劳动强度。消费者对草莓不仅要求新鲜、味美，而且安全性要高，无农药和少用药栽培草莓是今后的发展方向。因实行高架栽培，通风透光条件好，能有效抑制果疫病、白粉病等病害发生，保证挂在架子两边的果实清洁卫生。同时，采用该技术种植出来的草莓，销售价格较常规草莓高出近50%，亩效益可达5万～6万元，是一项十分值得开发的创意农业新技术。传统草莓生产不可避免地出现草莓连作问题，草莓连作严重影响草莓产业的健康发展。高架栽培中使用的是草炭、蛭石、珍珠岩等基质。这些基质可以随时更换和消毒利于再次利用，可以有效缓解草莓连作障碍的发生。

草莓是劳动密集型产业，随着草莓产业的发展，从事草莓产业农户年龄普遍偏大，70%以上是50岁以上的，文化程度基本上是小学水平，随着草莓产业的快速发展，劳动强度在相对增加，他们从劳动强度上肯定不能长时间忍受草莓栽培强度。同时草莓产业需要产业升级，以提升草莓的品质。

当前，农业发展进入了一个新阶段，城市周边作为城市功能拓展区、城市发展新区和生态涵养发展区的主要空间，农业不再以满足本地市场为主要目的，而是以观光、休闲和特色农业为方向，要求农业在继续强化生产功能的同时，向突出生态功能和服务功能的方向延伸，生态旅游、民俗旅游、观光农业成为新的增长点，具有多功能的都市型现代农业格局正在形成。

新农村建设规划中明确提出了优化农业观光旅游布局，在近郊重点发展集生产、示范、观光休闲为一体的综合性农业园区；远郊鼓励发展以观光、采摘为主的专业型旅游观光休闲农业园区，发展融教育、休闲观光和生产于一体的体验型农业；山区重点发展民俗旅游、休闲旅游和观光旅游，发展一批为广大市民游客度假和疗养服务、规模较大、设施完善的中高档“绿色氧吧”。郊区作为旅游业发展的最重要地区，以休闲度假、乡村体验为主导的农业观光旅游需求，正呈现出高速增长态势。作为都市型农业的典范，率先开展观光采摘农业技术体系的研究是非常必要的。

目前，在观光采摘型草莓园区的发展中仍存在许多问题或制约因素，影响了观光农业的快速发展。一是栽培样式单一、缺乏景观化栽培效果。几乎所有的观光园区在生产上均采用传统的生产模式，仅仅注意了采摘作物的生产功能，而忽略了利用作物从事景观栽培模式的创新，没有进行有效的品种、色彩等的搭配，更没有采取一定措施从事造型栽培，田间景观效果差，审美效果单调。二是配套生产技术有待提高。观光采摘农业与传统农业生产相比，在环境卫生、产品质量、花（果）时期和产品安全性等方面具有更高的要求。而许多园区的生产过程中，由于对草莓生产技术掌握不足，田间作物生长状况较差，生产现场难以满足观光采摘的要求。三是观光采摘型草莓的文化创意亟待提升。游人在采摘过程中，除了要满足其对物质产品的需求外，更大程度上还希望从中获得精神、文化、意识上的满足。目前绝大多数观光采摘草莓园区没有注意观光采摘农产品文化创意的设计及挖掘，给游人的印象无非就是采摘而已，严重影响了观光采摘对游客的吸引力。

草莓产业的发展，草莓品质的提升是草莓得以继续发展的基础，高架基质栽培过程中，草莓的各个生长时期可以人为根据生长状况调控草莓水肥，温湿度管理以提升草莓的品质，增加草莓的商品性，提高草莓的经济效益。

二、 高架基质栽培安装

H形高架基质栽培，作为高架基质栽培应用最广泛的模式之一，是指在温室中建立高1.2m（20cm埋入地下，即距地面高为1m），长度为6m的H形高架，利用PVC膜、黑白膜、防虫网、无纺布包裹基质，采用水肥一体化技术施用水肥的栽培模式，具体结构见图5-1与图5-2。

（一） 安装流程

1. 平整基质地

对温室基质地经过初步整平后灌水，进行水夯后再进行平整，如此反复两次可使温室土壤变得比较紧实，防止温室地面下沉导致栽培架下陷倒塌。生产

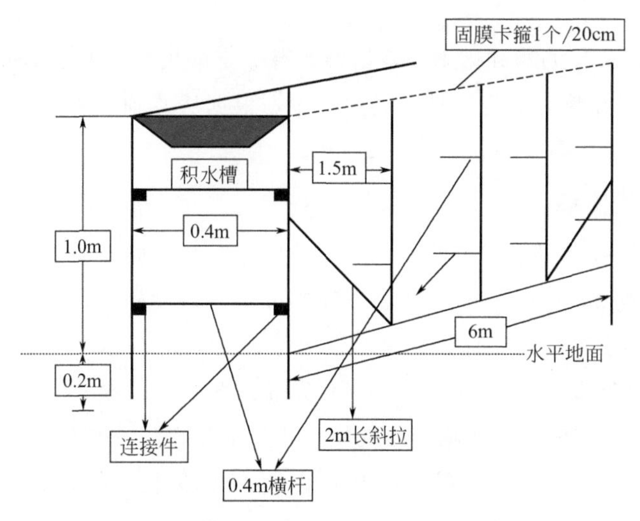

图 5-1 草莓 H 形高架基质栽培模式示意图 1

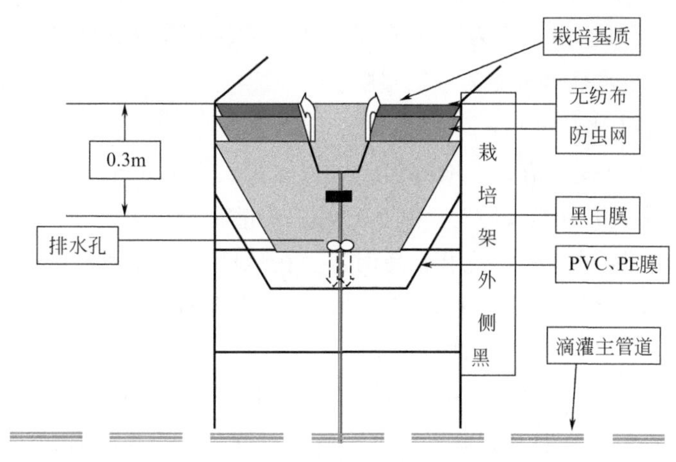

图 5-2 草莓 H 形高架基质栽培模式示意图 2

中，在平整温室地面时，按照北高南低相差 10cm 的高度差进行整地，可使栽培架保持一定的坡度，利于水分的排出。

基质地平整完成后，根据温室面积铺设园艺地布，园艺地布规格为 $90g/m^2$。

2. 栽培架安装

50m×8m 的标准温室以 110～120cm 的行距，建议安装 45～50 个栽培架。栽培架采用国际标准 3/4in（3/4in=19.05mm，外径约 26.7mm）钢管做栽培槽水平支撑杆，每隔一定距离在水平支撑杆两侧用钢管做垂直支撑杆，两侧垂直杆间用钢片连接以固定，其侧面结构图似英文大写字母 H（图 5-3，见彩图）。

为了保证水分的顺利排出，栽培架要有一定的坡度。每个栽培架一般有5个H形支架，在将其固定到地面的过程中，根据从北到南的方向逐渐加深3～4cm，保证栽培架高度差相差至少20cm。

3. 栽培槽安装

栽培槽从里到外依次为无纺布、防虫网、黑白膜，将这些材料做成深30cm，内径宽35～40cm的凹槽，最外层可用PVC膜/PE膜进行包裹，形成一个密闭的排水系统，既保温，又可使废液流走，减少水分蒸发，降低湿度。其中黑白膜规格要求10～12丝厚，无纺布为80～120g/m^2，防虫网为80～120g/m^2。无纺布做的栽培槽可以使用3年，如果用合成树脂做的栽培槽，长120cm、宽38cm、深28cm的栽培槽可以用5年以上，在栽培槽上可以定植2行。

裁剪无纺布、防虫网、黑白膜时，可以统一按照宽度为80cm规格进行；PVC膜/PE膜可按照宽度为100cm规格裁剪。各种膜材料的长度尽可能比栽培架多出1m，并且尽可能为一块整膜。

栽培槽安装注意事项：

① 为了防止栽培槽负重不均匀，出现倾斜倒塌的现象，在每个栽培槽H形支架底部横梁下方垫放砖头，减少压强，分散承重压力。

② 在安装膜材料时，要求北高南低。在压膜的过程中，可在膜的内侧放一根PVC管，压平安装材料，保证形成的栽培凹槽平整无褶皱（图5-4，见彩图）。

③ 在膜材料安装完后，在膜内侧放一根PVC管，每隔20cm扎孔，不但有利于水的排出，而且可以降低湿度。可用点燃的香头在槽内部从上往下烧小孔，相对于用钉子扎的孔，这样烫出的孔不会收缩变小，排水好。

4. 基质填装

（1）混合基质　草炭、蛭石、珍珠岩、有机肥和缓释中微量元素肥料等混合使用。草炭：蛭石：珍珠岩比例为2：1：1。混合基质时，为了增加基质的紧实度和保水保肥性，可适当加入细的河沙，每立方米基质加入0.2m^{3}细沙。为了增加基质的前期养分，在混合基质时可加入适量的优质商品有机肥，每立方米掺入10～15kg的有机肥，如果有机肥质量没把握的最好不要掺。在基质栽培中，由于基质本身的透水性很强，颗粒剂肥料和速溶性强的肥料一般不建议在基肥中使用，可以使用缓释包衣肥料。肥料的种类很多，可以根据缓释速度和包衣情况选择性使用。

（2）填装基质　在填装基质时，分次分批尽可能压实，填装的量尽量多，填装后基质槽表面呈馒头状最佳，避免因后期浇水导致沉降过度，引起后期折茎（图 5-5）。干基质质地较轻，如直接填装，不但容易飘散，产生浮尘，而且不容易浇水渗透。所以在混合基质时可灌入一定的水分，以增加基质的含水量，不但容易进行填装，而且在填装后浇水容易渗透，利于基质沉降。

图 5-5　填装基质

多次使用的基质在种植前最好添加新基质并进行上下翻倒。如果基质本身很细，透水性变差，最好加入适量珍珠岩。将珍珠岩清水浸泡后再添加，三年以上的一般增加 1/5。

在种植前一定要将基质充分彻底清洗一遍，以基质渗出液不混浊为宜。

5. 滴灌系统安装

（1）滴灌系统组成部分　滴灌系统主要由首部枢纽、管路和滴头三部分组成。

首部枢纽，包括水泵（及动力机）、化肥罐过滤器、控制与测量仪表等，其作用是抽水、施肥、过滤，以一定的压力将一定数量的水送入干管。见图 5-6。

管路，包括干管、支管、毛管以及必要的调节设备（如压力表、闸阀、流量调节器等），其作用是将加压水均匀地输送到滴头。为了精准灌溉，每根支管上都安装阀门（图 5-7）。主管材料为直径 32mm 的 PVC 管道，滴管采用滴距为 15cm 的滴灌带。

滴头，作用是使水流经过微小的孔道，形成能量损失，减小其压力，使它以点滴的方式滴入土壤中。滴头通常放在土壤表面，亦可以浅埋保护。

（2）滴灌系统安装　一般每个栽培架铺设两条滴灌带（管），滴头间距可根据定植密度进行调整，常用滴头间距为 20cm，滴灌管安装及使用参照滴灌

图 5-6　灌溉首部

图 5-7　阀门

有关规范。滴灌湿润深度一般为30cm，滴灌的原则是少量多次，不要以延长滴灌的时间达到多灌水的目的。注意：滴灌带（管）铺设时应略长于栽培架，进水口远端长度应超出栽培架20～30cm，留出收缩的余量，确保进水口远端畦面也能均匀浇水，防止局部缺水而导致病虫害发生。

（3）滴灌系统优缺点　滴灌系统具有多种优势。

① 节水、节肥、省工。滴灌属全管道输水和局部微量灌溉，使水分的渗漏和损失降低到最低限度，可以比喷灌节省水35%～75%。灌溉可方便地结合施肥，即把肥料溶解后注入灌溉系统，由于肥料同灌溉水结合在一起，实现了水肥同步，降低了生产成本。由于株间未供应充足的水分，杂草不易生长，因而作物与杂草争夺养分的干扰大为减轻，减少了除草用工。

② 控制温度和湿度。因滴灌属于局部微灌，大部分土壤表面保持干燥，且滴头均匀缓慢地向根系土壤层供水，对地温的保持、回升，减少水分蒸发，降低室内湿度等均具有明显的效果。

③ 保持土壤结构。在传统沟畦灌较大灌水量作用下，使设施土壤受到较多的冲刷、压实和侵蚀，若不及时中耕松基质，会导致严重板结，通气性下降，土壤结构遭到一定程度破坏。而滴灌属微量灌溉，水分缓慢均匀地渗入土壤，对土壤结构能起到保持作用，并形成适宜的土壤水、肥、热环境。

④ 提升品质、增产增收。由于作物根区能够保持着最佳供水状态和供肥状态，故能提升品质、增产增收。

滴灌系统也有不足。

① 易引起堵塞。灌水器的堵塞是当前滴灌应用中最主要的问题，严重时会使整个系统无法正常工作，甚至报废。

② 可能引起盐分积累。当在含盐量高的土壤上进行滴灌或是利用咸水滴灌时，盐分会积累在湿润区的边缘引起盐害。

6. 浇水湿润基质

基质填装完毕等其下沉后用水管浇湿基质，让上面基质中的水慢慢下渗将整个栽培槽内的基质全部湿润了。每次浇水时候不要一次性浇得太多，少量多次，因为干基质质地较轻，初次吸水较慢，水量大容易将基质冲出去。

7. 扎排水孔

整个栽培槽填装完后，等整个栽培槽充分膨胀起来后再用铁丝每隔 20cm 扎一个孔，在扎孔的时候最好用较为粗的铁丝，扎孔后水就会冲出去，基质排出的水的颜色变淡后就可以等着定植草莓苗了。

（二） 材料数量

该建造是以 400m^2 共 45 架为例建造一个温室的高架栽培材料，如表 5-1 所示。

表 5-1 温室高架栽培材料名称及数量

序号	名称	规格	单位	数量	备注
1	热镀锌管及安装	长 1.2m	根	10×45	(1/2in)
2	热镀锌管及安装	长 2.0m	根	2×45	(1/2in)
3	热镀锌管及安装	长 6.0m	根	2×45	(1/2in)
4	热镀锌管及安装	长 0.4m	根	12×45	(1/2in)
5	热镀锌连接卡箍	ϕ2212	套	38×45	(含螺丝)
6	固膜卡槽卡簧	套	m	2×45	
7	防虫网 40 目	0.8m 宽	块	45	6.5m 长
8	黑白膜	0.8m 宽	块	45	12 丝厚,6.5m 长
9	黑色无纺布	0.8m 宽	块	45	80g/m^2,6.5m 长
10	PVC 膜	1.0m	块	45	长 6.5m
11	滴灌主管道	DN40	m	60	
12	园艺地布	90g/m^2	m^2	400	黑色或是白色
13	滴灌管	DN16	m	12×45	(间距 20)
14	旁通(带节门)	DN16	个	2×45	
15	滴灌管堵头	DN16	个	2×45	
16	基质	机械混合	m^3	45	草炭∶蛭石∶珍珠岩=2∶1∶1
17	缓释氮肥	总养分≥35	kg	20	N∶P_2O_5∶K_2O=30∶0∶5
18	施肥桶	600L	个	2	
19	排水管道	ϕ110cm	m	50	
20	排水塑料软管	ϕ5cm 1.2m 长	根	45	带 4.5cm 塑料下水管道塑料口

注：1in=25.4mm。

三、 定植栽培管理技术

（一） 品种选择

基质栽培浇水频繁，要求草莓除了具有优良品质外，同时还要求草莓抗病性较强，尤其抗草莓红中柱根腐病和白粉病较强，再有就是要求草莓植株长势较旺且相对矮的品种。目前使用的草莓品种多是红颜、章姬、点雪、圣诞红等品种。随着种植年限的增加，早熟性和抗病性也日益受到广大种植户的关注。

这几年随着观光采摘的不断发展，不同的种植户拥有不同的客户源，不同的客户对品质的要求不同，差异化的需求促进了品种的差异化种植。如很多近郊的草莓种植户在品种选择上以红颜为主，同时会种植白色草莓和桃味等小品种，这样可以满足不同客户的需求。在偏僻的区域，广大的种植户还是选择了广受消费者喜爱的红颜草莓。这样可以集中采收销售，品种多却没有商贩收购，就只能自己消化了。而对于不同种植年限的农户也有不同的选择侧重，比如对刚刚开始种植草莓的农户来说，多选择种植简单的品种如甜查理、京藏香、京承香等品种，这些品种抗病同时耐粗放型管理，也很丰产，果实硬度也大，耐储运。

（二）种苗选择

草莓的种苗按照根系分为两大类，一种是根系裸露的也就是常说的裸根苗，一类是根系在基质中的基质苗，它包括基质槽苗、营养钵苗、穴盘苗、纸钵苗。

在高架基质栽培中可以根据种植经验和种植时间来选择不同的种苗，比如种植经验丰富的农户可以选择裸根苗定植，另外种植时间较早的农户也可以采用裸根苗种植，这样草莓苗后期根系发达，不容易早衰，草莓的产量相对也高；对于种植经验不足的新手可以选择基质苗，基质苗容易成活，缓苗时间较短，好管理。

草莓的种苗按照海拔不同分为两大类，即高山冷凉苗和低海拔的苗。一般育苗基地在海拔 800m 之上培育出来的草莓苗为高海拔育苗，海拔低于 800m 基地所培育的草莓苗为低海拔苗。在栽培上一般高海拔通风性好，光照充足，草莓苗植株比较矮，叶片厚实，根系发达，植株没有病害。草莓的结果性状和早熟性较好。

还可按照地域的不同划分不同类型的草莓苗，这样的草莓有自身的特点。如南方草莓苗，浙江、四川草莓苗等这样的草莓苗由于种植时间较早，很快就抽生匍匐茎，在 5 月中旬草莓匍匐茎已经爬满畦面，就可以用生长抑制剂进行处理，草莓植株矮化叶片肥厚深绿色。等到 8 月中旬草莓植株健壮、根系发达，这样的草莓苗在开花坐果的时候表现出比当地苗早且整齐一致。值得注意的是南方苗会携带虫卵，草莓成活后虫卵已经孵化为成虫危害草莓新叶。

相对应的就是北方苗，北方苗由于生长时间短，前期干旱和大风，草莓种苗的匍匐茎发生的不是很多，后期高温草莓生长缓慢，抽生的匍匐茎数量不足，可挑选的余地不大。草莓的整齐度不高，草莓一般都存在不同程度的徒长现象，种苗的养分积累不足，草莓缓苗时间长，开花坐果晚于南方苗。北方苗缓苗后一定要注意防治草莓白粉病。白粉病在北方冷凉地域不至于大面积发生，一旦进入棚室中高温高湿的环境很快就会发生。

（三）定植技术

1. 定植时间

草莓在中国是典型的节日经济作物，时令性很强。草莓集中上市时间赶在节日期间，草莓的价格高，经济效益也就很高，相反地，草莓上市时间处于平常时间，价格就一般，经济效益也就低；在北方日光温室促成栽培方式中，草莓生长季节在寒冷的冬季，如果种植时间过晚，草莓的营养体在寒冷到来之前没有长得足够大，在以后的生长季节中不容易长大，在草莓最佳的黄金产量时期（春节前 20 天）产量不高，经济效益自然不高，可见适时定植是草莓生产中重要的环节。

根据北方日光温室促成栽培的草莓种植规律，草莓的最佳定植期在处暑（8 月 23 日左右）到白露（9 月 8 日左右）之间最好，如果种苗较弱，要适当早栽，生长健壮的种苗适当晚栽，假植苗应该晚栽，一般在 9 月 15 日至 9 月 20 日，营养钵苗生长旺盛，一般在 10 月 10 日前后种植。

在生产中，一天中理想定植时间应尽量选择在下午光照不是很强的时候，一般在下午 3 点钟以后或阴天定植最好。定植时不使用遮阳网，加强空气流通，降低棚内湿度，减少病害发生，另外利用夜间低温，还利于缓苗。

定植时一般采用双行丁字形交错方式进行。

2. 定植前准备工作

（1）棚室消毒　开展温室消毒，可防治病虫害，利于草莓种苗缓苗。杀虫剂可用 11％的来福禄 5000 倍液、18g/L 阿维菌素乳油，杀菌剂可选用 20％粉锈宁可湿性粉剂 1000～2000 倍液、或 15％三唑酮 1000 倍液。药剂喷施要对整个温室进行，包括草莓畦面、温室过道、后墙、两侧山墙、温室前脚 1m 处都要均匀喷施。

（2）湿润草莓畦造墒　水分是作物生存的基本条件，合适的土壤湿度可以大大提高作物移栽的成活率。由于草莓基质槽提前做好放置了一段时间，经风吹日晒畦面的含水量下降，草莓栽培槽的基质温度较高，畦面干燥，种植草莓时挖定植穴时周围基质容易滑溜、垮塌，不利于定植草莓植株。在浇水时由于畦面干基质较多，浇水时水很容易流向两侧，不易渗入，造成草莓定植水浇不足容易死亡。为此在草莓定植前2天一定要湿润一下草莓定植槽。首先微开滴灌阀门，让水慢慢地滴在栽培槽表面上，当栽培槽面上有明水即形成小的水面时停止浇水，让水自由下渗，此时不要急于再浇，否则水量一次很大容易造成栽培槽垮塌，当栽培槽的两侧开始又湿润时就证明草莓槽底墒造好了，过一天后草莓栽培槽表面微干，用花铲挖畦面时基质湿润但不成滴滴水，就可以定植草莓。

（3）种苗预处理　定植草莓时要提前做好种苗的预处理工作，首先创造适宜的暂时存苗场所，因为目前草莓出圃和运输过程中没有实现冷链储运，草莓植株会很快失水萎蔫，损害最大的是草莓根系，经过风吹日晒草莓的根系基本上被氧化，颜色变深，变褐色，随着根系进一步失水，草莓的须根系开始干枯，严重的造成脱落，大量失水严重的须根影响了草莓苗的成活。为此在草莓种苗运来后必须建立一个适宜的暂时储存场所。该场所要求避风、阴凉，一般在温室后墙用遮阳网搭起个棚，或在工作间进行。暂时存放的草莓种苗根系必须用湿毛巾或湿草苫盖在草莓苗上，缓解草莓根系失水的速度，保护好草莓的须根系。

草莓种苗质量的好坏直接影响草莓的产量和草莓的品质。种苗大小分级是草莓定植的关键环节，大小苗分开种植便于后期的管理。北方日光温室促成栽培草莓的壮苗标准是：草莓的短缩茎粗度在0.8～1.2cm、4～5张功能叶片、叶片颜色深绿色、无机械损伤和病虫害危害，叶柄长度根据品种差异有所不同，叶柄一般在8～15cm，如果叶柄过长，苗子徒长，不利于草莓苗成活和快速缓苗；成熟次生根（根系发黄为成熟的标准）10～16条，须根发达，整个植株无病虫害，草莓植株鲜重30g左右，好的种苗还要有健壮、明显的生长点（苗心）。在草莓苗分级过程中，要遵循大小相对分级，不是一个固定的标准，一般是草莓的新茎粗度在0.8cm以上的为一级，0.6～0.8cm为二级，0.4～0.6cm的为三级，低于0.4cm的草莓植株不适宜在温室促成栽培。在生产实践中草莓新茎在0.6～0.8cm时成活率最好，缓苗后草莓苗生长也很快。

在给草莓种苗分级的过程中，需要将草莓苗上携带的匍匐茎、病叶、老叶一起去掉，在去匍匐茎时应注意，如果匍匐茎的粗度较粗，最好用剪子在距离种苗2～3cm处剪断，不要直接在根部扯断，否则造成较大的伤口容易使致病微生物侵染，让植株感染病害。在去老叶和病叶时，遵循如果叶柄基部叶鞘没有形成离层时不宜强行掰去叶柄，否则在草莓基部的伤口流出大量的伤流液，降低草莓植株的抗病力，应该保留一段叶柄，把残叶去掉即可。如果草莓植株叶片较大且很多，应该在定植时将叶片的1/3～1/2用剪子剪掉，以减少叶片水分散失。

草莓防病应从早做起，草莓种苗在起苗、运输、整理过程中多少会有不同程度的损伤，此时温度较高，很容易感染各类致病菌，因此在草莓种植时将整理好的草莓种苗浸入25%阿米西达3000倍溶液中，可以有效地防治各种病菌侵染草莓。具体做法是先将阿米西达药剂配成母液，再用较大的容器稀释到8000倍，将整理好的草莓种苗整齐放入容器中，先放草莓的根部，后整株没入，用手掐住草莓根茎部上下提沾，禁止将草莓苗长时间浸没于水中，浸泡时间一般在3～5min，最后将整个草莓植株完全按进药液中浸一下迅速提起，在阴凉处晾干草莓植株上的药液即可定植。通过浸泡，既可以杀死致病菌，又可以为草莓苗提供水分，补充运输过程中草莓苗的失水，提高草莓种植成活率。由于每栋温室用苗量较大，普通的容器相对较小，难以满足定植需苗速度的要求，一般在背风、平坦的地方用砖垒一个长方形池子，池子高度为两块砖高，宽度40cm，长度5m左右，底部和四周用完好的棚膜铺好，放入清水，水深5cm即可，能够淹没草莓根部就行。再按池中水量撒入阿米西达搅混均匀备用。

3. 定植

在定植时根据草莓品种特性确定草莓株距，一般欧美品种株距在20～25cm，日系品种在18～20cm。在实践生产中日光温室促成栽培以合理稀植为好，一般每亩种植草莓苗8000～10000株。为了充分利用空间，可采取前期密植，加强叶片管理，中后期适当逐渐疏除部分植株的管理办法，以叶枝不拥挤为准，来提高总产量和总效益。

定植时用一个木棍截成统一标准距离，在畦面上画出记号作为定植的距离。将经过整理和药剂处理的草莓苗在距草莓畦面边缘10cm处用花铲深挖定植坑，将草莓苗根系顺直，垂直于畦面填基质，并将草莓苗周围的基质按实。草莓定植后要及时浇水，最好是在定植时边栽边浇，防止种苗严重失水，定植后再用滴灌浇水，此次浇水一定要充足。浇水的标准是看到畦面有积水时，就证明浇足了，停止浇水。

定植时注意要点：

（1）栽植方向　栽苗时应注意草莓苗弓形新茎方向，草莓苗的花序从新茎上伸出有一定的规律，即从弓背方向伸出。为了便于授粉和采收，应使每株抽出的花序均在同一方向，因此栽苗时应将新茎的弓背朝固定的方向。一般高垄栽植，花序方向应朝向垄沟一侧，使花序伸到垄的外侧坡上结果，便于蜜蜂授粉和果实采收。

（2）栽植深度　栽植深度是草莓成活的关键。合理的栽植深度应使苗心的茎部与地面平齐，使苗心不被基质淹没，做到“深不埋心，浅不露根”。栽植过深，苗心被基质埋住，易造成烂心死苗；栽植过浅，根茎外露，不易产生新根，易使苗干枯死亡。如果畦面不平或土壤过暄，浇水后易造成草莓苗被冲或淤心现象，降低成活率。因此，栽植前必须整平畦面，沉实基质。

（3）具体实际操作　定植时为了快速简单地掌握定植深度，可以用手的拇指、食指抓住草莓种苗，大拇指的指甲根部按住草莓的根茎部，当埋压发现大拇指的指甲根部埋入基质中这就证明草莓苗埋深了，如果拇指指甲露的多了就证明埋浅了。在生产中经常出现这样的错误操作，在栽苗时将基质压实的过程中由于用力不当，一般是用力较大时会将草莓根系翘起，形成W形草莓根系分布，这样草莓容易死亡；由于用力较大在草莓的根茎部形成一个坑，在未浇水的时候不觉得种植的深，可一浇水周围的基质向中央於埋住草莓心也会造成草莓死亡。为此建议在种草莓时可以将草莓的弓背朝外，将草莓种苗倾斜种植在畦面上，草莓成活率会提高。

在定植完要覆盖遮阳网，尽量不要让太阳直射草莓苗，防止草莓苗失水萎蔫。

（4）基质苗适当去除基质　基质苗容易早衰，出现“团棵”现象，即根系团在一起，不向外延伸生长，所以在定植时应适当去除一部分基质。具体标准为拿手捏一下，根系松散，以自然下垂为宜，过长的根系适当修剪，保留15～20cm。

4. 定植后管理

草莓定植后第二天要及时检查，於心苗要用铁丝将草莓周围的於基质挑开露出草莓心，尽量不要用钝器在草莓根部简单地拨开草莓苗周围的基质，因为此时草莓周围土壤含水量很高，用较为大点的工具很容易在草莓根部形成结块不利于草莓生长，对于露根苗要用潮湿的基质覆盖在草莓根部，在后期中耕时注意覆基质即可，尽量不要拨出重新栽种。草莓定植时正是天气较热时期，草莓很容易萎蔫，为此在种植后最好采用微喷补水，这样既可以补水又可以降低草莓局部的温度，提高草莓的成活率。浇水尽量在上午9点钟前和下午5点钟后，浇水时间一般在20min左右，不要浇得太多，水量过大会冲毁草莓畦，同时畦面湿度大草莓不容易生根。如果栽苗后阴天下雨就不要再浇水了。

定植后遮阳网在晚上要全部撤去，次日上午8点钟，温度开始上升较快时覆盖遮阳网，如果是阴天就不要覆盖遮阳网。定植第二天不要把遮阳网完全盖到地面，遮阳网距离地面有40cm左右，以加强温室内的空气流通，促进草莓快速缓苗。

草莓是需要水分较多的植物，对水分要求较高，一棵草莓在整个生育期中大约需水 15L，但不同生育期对土壤水分要求也不一样。秋季定植期需水量较多，此时气温较高，地面蒸发量大，新栽的幼苗新根尚未大量形成，吸水能力差，如浇水不足，容易引起死苗。

（1）合理遮阳　灵活控制遮阳网是提高草莓苗成活率的一个重要环节，遮阳网遮阳时间太长会使草莓苗细弱，严重的由于过长时间遮阳，温室内通风不畅，草莓苗腐烂。生产中常见的是表面上看草莓苗成活很好，等撤去遮阳网草莓苗就会萎蔫甚至死亡。为此在草莓定植后要灵活控制遮阳网，具体方法是：在草莓定植第三天晚上撤去遮阳网，次日上午可根据草莓缓苗情况适当增加光照时间，当观察到草莓开始有轻度萎蔫时就要上遮阳网，遮阳网距地面高度在 1m 左右，如果光线太强可以适当再放低些，但不能完全盖严。在下午 4 点钟左右逐步撤去遮阳网，加大光照时间，即使撤掉遮阳网后草莓苗出现轻度萎蔫也不要紧。

草莓苗完全缓苗后要及时去掉遮阳网，否则遮阳网容易老化和被温室骨架划破。将遮阳网折叠后压实，用绳子捆好，放入工作间中避光保存，备来年 4 月份用。

（2）及时补苗　定植第三天后上午控制水分，在那些萎蔫的植株旁边重新种植一棵，如果草莓叶片呈深绿色，可以看到叶片边缘有些干枯迹象就拔掉这样的植株，重新补种一颗草莓苗。补苗要及时，否则草莓苗长势不整齐，不利于管理。

补苗最好在下午 5 点钟左右，温度降低时进行，这是因为温度较低，植株不容易萎蔫，利用夜间相对较低的温度和较高的空气湿度，草莓植株有充足的时间吸取水分，活化组织细胞，促进植株生长，第二天植株从低温到高温，逐步适应外界的温湿度，很容易成活。中午植株出现萎蔫现象时覆盖遮阳网，等下午 3 点钟的时候光照强度下降时逐步去掉遮阳网。去掉遮阳网时植株还出现萎蔫，如果蔫程度不大就不要再遮阳了。

（3）适当减少浇水促进草莓生根　定植第三天开始，上午 8 点钟开滴灌浇水 20～30min，畦面湿润即可，下午控制水分减少浇水量，如果草莓植株去掉遮阳网后萎蔫程度较轻就不浇水。早晨在 5 点钟到 6 点钟左右观察草莓植株全部直立起来，叶片的边缘有水珠就证明草莓植株完全成活了。此时草莓植株上开始冒出新叶，为了促进草莓根系生长就要控制浇水，上午 9 点钟浇水 30min，下午控制浇水。如果草莓植株在中午出现萎蔫，覆盖遮阳网后很快恢复时下午就不要浇水；如果萎蔫时间较长，那就在下午 5 点钟后适量浇水。控制水分不等于不浇水，所以浇水要视具体情况而定。

当草莓缓苗后新叶完全展开，草莓植株进入正常生长时期，叶片的颜色深绿色。用8000倍的碧护进行叶面喷施，结合浇小水，湿润草莓根部基质，用5000倍的碧护进行灌根。灌根时每株草莓灌药液量为100g左右。在灌根时可根据草莓畦面基质的干旱情况灵活掌握灌水量，灌水的目的就是使药液能够顺利地进入草莓的根部，并能快速水平和垂直扩散刺激草莓根系生长。如果畦面干燥，灌药液时药液容易向四周流动不容易渗入基质中或渗入的深度不够，不能充分到达草莓根部；如果浇水量大，基质含水量较大，药液同样不能充分渗入草莓根部，影响灌根效果。一般掌握在土壤含水量在65%～70%。直观标准是看到水滴很快渗入基质中就可以了。草莓苗从定植到完全缓苗生长这段时间的长短跟草莓品种以及种植时是否裸根有关，一般根系有保护的种苗缓苗快，如穴盘苗和营养钵苗，它们的根系在定植时没有或是受伤很轻，定植后缓苗时间就短。相反裸根苗由于在种苗收获和运输过程中根系受到伤害，也就是说草莓种苗在收获后根系裸露的时间越长，定植后草莓苗缓苗时间就越长。草莓裸根苗在相同情况下卡姆罗莎缓苗时间比甜查理就长。因此在草莓缓苗过程中要根据草莓品种进行适当的浇水和控水。等草莓完全缓苗后控制浇水，在表面上看草莓萎蔫了，也不要轻易拔除，只要明白它比其他品种缓苗时间长，耐心管理，遮阳网要及时覆盖和去掉，既不要让草莓植株严重萎蔫，也不要让遮阳网遮阴过度，否则容易产生细弱苗，一旦去掉遮阳网很容易死亡。等草莓开始有新叶冒出了，继续控制水分，促进草莓根系生长。

(4) 整理草莓植株　当草莓新叶生长到3～5cm时就可以将草莓植株上的枯死叶片和烂叶去掉，有些老叶只是在运输或定植时受到机械损伤，并不是生理性老叶，这样的叶子叶片较大，叶柄较粗或是叶柄基部没有形成离层，不容易去掉。此时最好用剪刀距叶柄基部10～20cm处剪掉烂叶，留一段叶柄在以后整理时再去掉。如果用手强行掰除叶片会动摇草莓根系，同时造成较大的伤口，导致致病微生物容易侵染，使草莓植株发病，不利于草莓健康生长。对于那些枯死的老叶，用一只手扶住草莓植株，另一只手轻轻向侧面用力就可以将叶子去掉。剪掉的叶子一定要及时清除，不要放在草莓畦上，因为此时草莓畦面潮湿，很容易使叶片发霉，给致病微生物造成繁殖的场所。随着草莓的生长，草莓匍匐茎也随着抽生，匍匐茎是草莓的繁殖器官，但在生产园中，以收获草莓浆果为目的的植株，过多地抽生匍匐茎，会消耗母株大量的养分，如任其生长，影响花芽分化，严重影响产量，并降低植株的越冬能力，所以应随时摘除匍匐茎。据报道，摘除匍匐茎后，一般能增产5～6成，在同样条件下，摘除匍匐茎的植株，叶片大而多，能增产1.6倍。多余的侧芽也要及早摘除，否则草莓侧芽生长很快，表现出草莓叶片数量快速增长，由于叶片数量多，造成通风透光性差，草莓叶柄细长，叶片面积小呈簇生状。这样的草莓植株一旦感染白粉病很难根治。丛生的草莓植株更容易产生蚜虫，影响草莓植株生长。此时草莓生长速度明显加快，叶片更新很快，北方9月底短休眠草莓品种开始进入花芽分化时期，此时最重要的工作就是最大可能地保证草莓有足够的养分积累，顺利进行花芽分化。草莓叶片的生长发育是不断更新的过程，当植株上的叶柄基部开始变色，叶片呈水平状并且变黄，说明叶片已经衰老，其光合自养能力已经满足不了自身呼吸的消耗，因此，这样的叶片应及时去除。去除老叶，可减少养分消耗，促进新茎发生，改善通风透光条件，减少病虫害的发生，加速植株生长。摘除后的老叶，常带有病菌或虫卵，不要丢在草莓园，应集中起来烧毁或深埋，以减少病原菌的传播。草莓匍匐茎从生长初期开始就有少量发生，在开花前期发生较多。匍匐茎是草莓的营养繁殖器官，发生的越多，消耗植株的养分就越大，并且会影响花芽分化，降低植株的产量。因此及时摘去匍匐茎可减少植株的养分消耗，能显著提高产量和果实品质。在整理草莓植株时当天就不要浇水。

（5）适当浅中耕　苗期中耕是培育、促进草莓苗根系深扎和地上部分健壮生长的关键措施。在草莓缓苗过程中，由于经常浇水，使温室内基质板结严重，基质透气性差，抑制草莓正常生长。为此在草莓缓苗后首先要适度中耕，中耕时提前适度浇水，使基质保持适度的湿润利于中耕，尽量不要在干旱板结的条件下进行中耕，这样会使基质颗粒较大，容易使草莓根系裸露，造成草莓根系干枯，甚至死亡。中耕过深容易露根，过浅又起不到松土的作用，中耕深度要适度，保持先远后近、先浅后深、株旁浅行间深的原则，一般是2～4cm，不要1次锄得过深、过近，防止伤根太多引起伤苗。在中耕的过程中将草莓畦中的杂草一并拔除，畦两侧的草尽量在小的时候拔除，否则长大后除去困难，很容易使畦两侧面脱落，畦面变窄。

中耕需要注意事项：

① 由于北方地下水偏碱，浇水或下雨后，草莓畦面很容易返盐碱，所以在浇水和下雨后要及时中耕，要浅中耕防止返盐碱。

② 中耕必须根据天气、苗情灵活掌握。对于生长正常或生长较弱的草莓，应多中耕、细中耕、促进生长。一般每隔7、8d中耕1次，并注意抓住降雨或浇水后，表面基质不干不湿的有利时机进行中耕。要求做到“耘锄行间串，锄头过垄眼，行间、株间都锄松锄透”，达到无板结、无杂草。

③ 对于有旺长趋势的草莓，可采取近株深中耕的办法，切断一部分侧根，控制疯长。为了防止伤根过重，可采用倒边深中耕的办法，即在草莓行一边深中耕，深度5cm左右，如过几天仍有旺长现象，再在草莓行的另一侧深中耕。过于干旱年份，中耕宜浅、宜细、不宜深，避免伤根、跑墒。多雨年份，中耕

也不宜太深，以防蓄水过多，影响草莓植株正常生长发育。

④ 中耕时要注意对种植过深的种苗要去掉周围的基质，避免由于基质埋住草莓生长点造成草莓生长不良，对于种植过浅露出草莓根系的草莓植株要利用中耕的机会进行草莓根部培基质，对草莓根系进行保护。

(6) 摘叶后及时喷药防护　在栽培基质中存在很多致病微生物，摘除老叶时会留下很多伤口，这些伤口包括人为的田间作业（折断叶片）、虫伤及草莓本身的自然裂口，在生长期久旱遇雨、蹲苗过度、深耕伤根、浇水过量造成地面积水、基质缺氧，都给病菌侵入提供了有利条件。据试验表明，草莓在不同生育期伤口愈合速度不同：苗期伤口 24h 愈合；而团棵期后 72h 伤口才能愈合，所以这个时期发病重。为此在摘叶后要及时喷药保护，一般采用百菌清，或是甲基硫菌灵喷施保护。

生产中常用杀菌剂按使用方式分为三类。①保护剂。在病原微生物没有接触植物或侵入植物之前，用药剂处理植物或环境，达到抑制病原孢子萌发或杀死萌发的病原孢子，以保护植物免受其害，这种作用称为保护作用。具有这种作用的药剂为保护药剂，如波尔多、代森锰锌、百菌清等。②治疗剂。病原微生物已经侵入植物体内，但植物表现病症处于潜伏期。药物从植物表皮渗入植物组织内部，经输导、扩散或产生代谢物来杀死或抑制病原，使病株不再受害，并恢复健康。具有这种治疗作用的药剂称为治疗剂或化学治疗剂，如甲基托布津、多菌灵。③铲除剂。指植物感病后施药能直接杀死已经侵入植物的病原微生物。具有这种铲除作用的药剂为铲除剂。如福美砷、石硫合剂。

按杀菌剂在植物体内传导特性分为两类。①内吸性杀菌剂。能被植物叶、茎、根、种子吸收进入植物体内，经植物体液输导、扩散、存留或产生代谢物，可以防治到植物体内的病害，以保护作物不受病原物的侵染或对已感病的植物进行治疗，因此具有治疗和保护作用。如多菌灵、绿亨 2 号、霜疫清、甲霜灵、甲基托布津、敌克松、杀毒矾、恶霉灵等。②非内吸性杀菌剂。指药剂不能被植物内吸并传导、留存。目前多数品种都是非内吸性的杀菌剂，此类药剂不易使病原微生物产生抗药性，比较经济，但大多数只具有保护作用，不能防治渗入植物体内的病害。如百菌清、代森锰锌、福美双等。

在整个植保过程中要经常将保护剂和治疗剂交替使用。根据作物的受害症状选择相对应的杀菌剂，以取得理想的防治效果。

(7) 喷施叶面肥　一般来讲，在植物的营养生长期间或是生殖生长的初期，叶片有吸收养分的能力，并且对某些矿质养分的吸收比根的吸收能力强。因此，在一定条件下，根外追肥是补充营养物质的有效途径，能明显提高作物的产量和改善品质。下面了解一下叶面肥。

① 叶面施肥的优点　与根供应养分相比，通过叶片直接提供营养物质是一种见效快、效率高的施肥方式。这种方式可防止养分在土壤中被固定，特别是锌、铜、铁、锰等微量元素。此外，还有一些生物活性物质，如赤霉素等，可与肥料同时进行叶面喷施。如作物生长期间缺乏某种元素，可进行叶面喷施，以弥补根系吸收的不足。在干旱与半干旱地区，由于土壤有效水缺乏，不仅使土壤养分有效性降低，而且使施入土壤的肥料养分难以发挥作用，因此常因营养缺乏使作物生长发育受到影响。在这种情况下，叶面施肥能满足作物对营养的需求，达到矫正养分缺乏的目的。植物的叶面营养虽然有上述特点，但也有其局限性。如叶面施肥的效果虽然快，但往往效果短暂；而且每次喷施的养分总量比较有限；又易从疏水表面流失或被雨水淋洗；此外，有些养分元素（如钙）从叶片的吸收部位向植物的其他部位转移相当困难，喷施的效果不一定很好。这些都说明植物的根外营养不能完全代替根部营养，仅是一种辅助的施肥方式。因此，根外追肥只能用于解决一些特殊的植物营养问题，并且要根据土壤环境条件、植物的生育时期及其根系活力等合理地加以应用。

② 影响叶片的营养因素　植物叶片吸收养分的效果，不仅取决于植物本身的代谢活动、叶片类型等内在因素，而且还与环境因素，如温度、矿质养分浓度、离子价数等关系密切。植物叶片对不同种类矿质养分的吸收速率是不同的。叶片对钾的吸收速率依次为：氯化钾＞硝酸钾＞磷酸氢二钾；对氮的吸收速率为尿素＞硝酸盐＞铵盐。此外，在喷施时，适当地加入少量尿素可提高其吸收速率，并有防止叶片黄化的作用；矿质养分进入叶片的速率和数量随浓度的提高而增加。但如果浓度过高，使叶片组织中养分失去平衡，叶片受到损伤，就会出现灼伤症状。特别是高浓度的铵态氮肥对叶片的损伤尤为严重，如能添加少量蔗糖，可以抑制这种损伤作用。叶片对养分的吸附量和吸附能力与溶液在叶片上附着的时间长短有关，特别是有些植物的叶片角质层较厚，很难吸附溶液；还有些植物虽然能够吸附溶液，但吸附得很不均匀，也会影响到叶片对养分的吸收效果。试验证明，溶液在叶片上的保持时间在30～60min，叶片对养分的吸收数量较多。避免高温蒸发和气孔关闭时期对喷施效果的改善很有好处。因此，一般以下午施肥效果较好。如能加入表面活性物质的湿润剂，以降低表面张力，增大叶面对养分的吸附力，可明显提高肥效。温度对营养元素进入叶片有间接影响。温度下降，叶片吸收养分减慢。由于叶片只能吸收液体，温度较高时，液体易蒸发，这也会影响叶片对矿质养分的吸收。

采用叶面施肥要注意的问题：①选择适当的喷施浓度。叶面施肥浓度直接关系到喷施的效果，如果溶液浓度过高，则喷洒后易灼伤作物叶片；溶液浓度过低，既增加了工作量，又达不到补充作物营养的要求。所以在应用中要因肥、因作物不同，因地制宜对症配制。②选择适当的喷施方法。配制溶液要均匀，喷洒雾点要匀细，喷施次数看需要。③掌握好喷施时期。叶面施肥的时期要根据各种作物的不同生长发育阶段对营养元素的需求情况，选择作物营养元素需要量最多也最迫切时进行喷施，才能达到最佳的效果。④选择适当的喷施时间。叶面施肥效果的好坏与温度、湿度、风力等均有直接关系，进行叶面喷施最好选择无风阴天或湿度较大、蒸发量小的上午 9 时以前，最适宜的是在下午 4 时以后进行，如遇喷后 3～4h 下雨，则需进行补喷。⑤选择适当的喷施部位。植株的上、中、下部的叶片、茎秆由于新陈代谢活力不同，对外界吸收营养物质的能力强弱差异较大，要选择适当的喷施部位。⑥增添助剂。在叶面喷施肥液时，适当添加助剂，提高肥液在植物叶片上的黏附力，促进肥料的吸收。⑦与土壤施肥相结合。因为根部比叶部有更大更完善的吸收系统，对量大的营养元素如氮、磷、钾等，据测定要 10 次以上叶面施肥才能达到根部吸收养分的总量。因此叶面施肥不能完全替代作物的根部施肥，必须与根部施肥相结合。

常用的叶面肥的适宜浓度如下：①磷酸二氢钾，常用的喷施浓度为 0.3%；配制方法就是将 45g 磷酸二氢钾加入装 15kg 水标准喷雾器中，充分溶解后喷施。②硼砂（或硼酸），常用的喷施浓度为 0.2%～0.3%；配制溶液时先用少量 45℃热水溶化硼砂，再兑水。③尿素，常用的喷施浓度为 0.1%～0.2%，苗小的植株，浓度可适当低些；植株大的浓度可适当高些。④硫酸锌，常用喷施浓度为 0.1%～0.2%；在溶液中加少量石灰液后进行喷施。

（8）针对性管理，控强扶弱　日光温室栽培草莓主要是促成栽培的方式，即草莓没经过休眠直接进入开花结果的一种栽培方式。为了适应这种栽培方式，草莓苗缓苗后一定要控制其长势。对于生长势较强的植株要控制其长势，生长势较弱的要加强管理，促进其增加长势，总的要求是使草莓长势中庸。达到中庸的草莓植株会很顺利通过花芽分化。

产生旺长苗的原因有：①种植时间偏早，9 月份天气冷凉很适宜草莓生长，如果生长时间较长，草莓苗很容易变成旺长苗。②种苗较旺，种苗较旺应该晚栽，否则生长势较强容易产生旺长现象。③最常见的是带土坨就近移栽，草莓缓苗时间短，有的几乎不经过缓苗过程，这样的苗生长旺，很容易形成旺长苗。④草莓缓苗后过早追肥，尤其偏施氮肥促进草莓苗旺长。

对于生长势强的草莓要注意的问题：①控制水分，少施速效氮肥，草莓在栽培过程中，特别是花芽分化期，往往因氮肥过多，造成长势过旺，使得营养生长过剩，而生殖生长不足，抽生大量的匍匐茎。②营养调控。根据腐殖酸叶面肥、氨基酸叶面肥在一定浓度下能控制生长势的特性，可以叶面喷施这两种肥料。③划锄断根。当植株长势过旺时，可采取“划锄法”，一方面增加土壤透气性，另一方面可使部分根类断掉，有利于次生根下扎。④小水勤浇。满足作物需求的同时降低土壤湿度。

产生细弱苗的原因有：①种植时间过晚，一般在9月下旬，草莓缓苗后天气开始转冷不利于草莓生长。②种苗细弱。③草莓种苗质量不够，尤其根系受伤的种苗。④遮阳过度。⑤浇水太勤。⑥种植过密。⑦草莓畦土壤和空气湿度过高，营养土氮肥偏多，而管理上未能及时通风透光也会出现细弱苗。

对于生长势弱的草莓要加强肥水管理。①用8000倍的碧护叶面喷施，调节草莓植株体内营养代谢，增加植株的光合作用，促进营养物质的积累，同时用5000倍的碧护溶液进行灌根促进草莓根系生长。②用0.2%尿素灌根。③浅中耕，促进草莓根系快速生长发育。

5. 保温

（1）扣膜保温准备工作

① 修整温室的压膜槽。现代温室大部分都采用卡槽来固定棚膜，不仅加强抗风性和密封性还节省空间。在每个生产季结束后由于风吹日晒和人为操作等原因，压膜槽有不同程度的松动和损坏，为此在上棚膜前一定要检修温室所有压膜槽，清除卡槽中的污物，对于松动的要固定，严重老化和变形的要及时更换。

② 检修温室地锚。温室地锚是用来固定温室棚膜压膜线的重要铸件，如果地锚不结实很容易使压膜线松垮、温室棚膜不能紧绷，在大风时抖动，严重时可以使棚膜损坏及整个棚膜被大风吹起，尤其在北方冬春季节西北风大，风害经常发生，主要问题是棚膜固定不稳，压膜线松或断开。为此在扣棚膜前一定要检修一下温室的地锚是否松动。铁丝是否生锈需要更换。

③ 整理滴灌带、平整畦面。经过中耕、施肥，草莓扣棚膜前期的工作基本结束，为了扣棚膜后便于草莓管理要做好以下两件事。其一是平整草莓畦面，将草莓畦面整体上整平，便于滴灌均匀滴水。对于高出的部分轻轻铲除，尽量不要使草莓根系裸露，如果很高就将畦面稍挖一个浅沟，将滴灌带顺直。如果草莓植株低于畦面，不严重的要稍添点基质，如果比较严重的，要用消毒的秸秆垫在下面，垫秸秆时要稍高点，因为滴灌带充满水时会下压，秸秆下陷影响滴灌效果。在经过整理的畦面上把滴灌带顺直，用铁丝弯成U形固定在畦面中央，确保滴水均匀。

④ 挑选适合的棚膜。棚膜是设施栽培中增温、保温、采光的重要的部分，可以避风挡雨，遮阳防雹，同时也可以用来调节温室中作物的生存环境。衡量棚膜好坏的标准主要是透光性能、强度和耐候性、保温性、防雾防滴性等方

面。目前常用的棚膜有聚氯乙烯（PVC）、聚乙烯膜（PE）和乙烯-醋酸乙烯聚物（EVA）多功能复合膜。

（a）聚氯乙烯大棚膜：保温性、透光性、抗候性好，柔软，易造型，适合做温室、大棚及中小拱棚的外覆盖材料。缺点是薄膜密度大（$1.3g/cm^3$），一定重量的棚膜覆盖面积较聚乙烯膜减少1/3，成本增加；低温下变硬、脆化，高温下易软化、松弛；助剂析出之后，膜的表面吸灰尘，而且影响透光，残膜不能燃烧处理，因为有氯气产生；雾点较轻，折断或撕裂后，易粘补，但耐低温性不及聚乙烯膜。现在聚氯乙烯棚膜的主要产品有：普通PVC大棚膜，制膜过程中不加入抗老化助剂，使用期仅为4～6个月，可生产一季作物，浪费能源，增加用工与投资，现在逐步被淘汰；PVC防老化大棚膜，在原料里加入了抗老化助剂经压延成膜，有效使用期达8～10个月，具有良好的透光性、保温性以及抗候性，是在大棚、中小拱棚上覆盖的主要材料，多用于春提前秋延后栽培；PVC无滴防老化大棚膜（PVC双防棚膜），同时具有防老化与流滴特性，透光性与保温性好，无滴性可持续4～6个月，安全使用寿命达12～18个月，应用比较广泛，是现在高效节能型日光温室首选的覆盖材料，做大棚覆盖材料效果更好；PVC抗候无滴防尘大棚膜，除具有抗候流滴性能外，薄膜表面经处理，增塑剖析出量少，吸尘较轻，提高了透光率，对日光温室、大棚冬春栽培更为有利。

（b）聚乙烯棚膜：是选用聚乙烯为主原料开发的一类产品，具有质地轻柔（密度$0.92g/cm^3$）、易造型、透光性好、无毒无味，同等规模的大棚用膜重量可比PVC少50%，是我国目前主要的农膜品种，其缺点是：耐候性差、保温性差、不易粘接。如果生产中加入高效光和热稳定剂、紫外线吸收剂、流滴剂、保温剂、转光剂、抗静电剂、加工改性剂等多种助剂，使用先进的设备将不同的原料和不同的助剂分三层共挤复合吹塑而成，突出了各层原料助剂的优点，性能优异，才能适合生产的要求。目前PE的主要原料是高压聚乙烯（LDPE）和线性低密度聚乙烯（L-LDPE）等。

（c）乙烯-醋酸乙烯聚物农膜：对红外线的阻隔性介于PVC与PE之间。EVA有弱极性，可与多种耐候剂、保温剂、防雾剂混合吹制薄膜，相容性好，包容性强。

不同材质具有不同的特性。EVA有特别优异的耐低温性，其次是PE，含有30%增塑剂的PVC农膜在0℃时硬化，抗拉力及耐冲击性极差；EVA及PVC农膜不适于高温炎热的夏天应用；PVC与PE初始透光率均可达到90%，PVC随着时间的推移，影响透光，使透光率很快下降，而PE透光率下降速度较为缓慢。

在草莓生产中经常使用的是聚乙烯膜或具有消雾膜功能的膜，一般不使用聚氯乙烯膜，防止产生有害气体危害草莓。

⑤ 安装温室防虫网。由于草莓开花时候为提高草莓商品性要用蜜蜂辅助授粉，为了防止蜜蜂从风口逃出，应该在温室的通风处铺设防虫网。在3月份温度上升时为了加强通风，风口较大，防虫网还起到防止有害昆虫进入温室的作用。故在选择防虫网时既要考虑防虫功效也要考虑温室通风换气的要求。防虫网的密度通常以目数表示，即每平方英寸的孔眼数。目数越大，孔眼数越多，孔眼也越小，阻挡害虫进入温室的能力越强，但对气流的阻力也越大。根据温室作物主要害虫的种类和大小，温室防虫网适宜的目数为20～50目，具体目数应根据主要防治病虫害的种类和大小来选择和设计。不同害虫的成虫有不同的尺寸，所选防虫网应能阻止害虫通过孔眼。草莓生产上以20～32目为宜，幅宽1～1.8m，白色或银灰色的防虫网效果较好。

在铺设防虫网时首先要确定温室风口的位置，之后将防虫网拉直，用铁丝固定，防止防虫网滑动脱落。一般在温室顶风口和腰风口安装防虫网。顶风口常用1.0m宽、腰风口常用1.8m宽的防虫网。

⑥ 适时适量补充水分。在扣棚膜前为了防止草莓突遇高温失水，浇过一次水，但那次浇水量较小，扣棚膜后连续高温，温室温度较高，草莓植株较大，蒸发量也很大，需要及时补水。这次浇水量原则是浇透，标准是看到草莓畦侧面有水渗出。如果水压足，出水量快，畦面很快就积水时要及时调节出水口的控制开关，稍微关闭一下，控制出水量，不要冲毁畦。在控制出水量时要根据实际水压情况来调节，不要控制太小，否则水压不足使滴灌带内的水压因距离出水口的远近有所不同，造成滴水量不均匀。浇水时还要注意到浇水时间不宜长，草莓畦面和沟里积水就要暂时停止浇水，等水渗入后再浇，直至草莓畦侧面有水渗出即可。

(2) 适时上棚膜　北方地区到了寒露季节天气逐渐变凉，经常出现霜冻，为了防止突然降温对草莓产生危害，要提前将棚膜安装上。

扣棚膜要选择无风的晴天进行，按照棚膜指示字样确定棚膜正反面。首先安装大块棚膜（腰膜），将膜的上端固定在离屋脊1.5m处，穿膜铁丝与钢架连接牢固。安装时应从一头向另一头赶，棚膜不得有褶皱。安装时要使棚膜绷紧，最后用压膜槽和卡簧将棚膜固定在东、西山墙上。安装好后，应及时安装压膜线，以防止大风对棚膜造成损坏。上部连接到顶部第一条横拉筋上，下部安装紧线器连接到地锚上。其次安装放风膜（顶膜），先将顶膜拉直，有绳子的一边放在大块膜上面，两块膜间相互重叠30cm左右。将顶膜的另一端拉直绷紧用卡簧固定在后坡板的C形钢上，两侧同样用卡槽固定在东、西山墙上。

为了方便开关风口在顶膜的绳子上拴两根绳子，一根在外面关风口，另一根用于棚内开风口。

上棚膜的注意事项：①铺放棚膜时，应尽量避免棚膜拖地，避免棚架划破棚膜。②发现棚膜有小裂缝或洞时，应及时用透明胶带粘补。③在种植时间里安装棚膜要适时。④棚顶和帘子的安装，最好同时进行。⑤铺盖棚膜，最好在早晨或傍晚、温度较低、没有大风的时候进行，铺放棚膜应均匀地在各个方向拉紧，防止出现横向皱纹，这样容易产生滴水。如果在气温较高的时候铺膜，棚膜不宜拉得太紧，因为气温高时，棚膜易拉伸，一到气温降低或晚间，棚膜出现回缩时，结点处太紧遇到大风抖动会磨损断开。

(3) 上膜后风口控制　由于连续晴天温度较高，加上新上的棚膜，温室内温度上升很快，而此时的草莓腋花芽分化还没有完全完成，较高的温度不利于草莓花芽分化，为此在上棚膜时要将温室的顶风口和底风口尽可能地拉大，加大温室的空气流通，降低温室的温度。夜间也不能关风口，否则夜间温度高很容易使草莓植株徒长。

连续的晴天，外间温度较高，温室内的温度在 10 点钟上升到 32℃，草莓植株出现轻度的萎蔫状态，温度超过 30℃时草莓不能进行花芽分化。为了保证草莓花芽分化顺利进行，在完全打开风口的同时，在上午 9 点半钟，适当用遮阳网进行处理降低温室内的温度。温室温度高时还会影响草莓需冷量的有效积累，抵消草莓前期所积累的有效低温时数，不利于草莓健康生长。在夜间只要没有霜冻就不放棚膜。尽可能地降低温室温度，白天温度在 22～25℃，夜间温度在 8～10℃。温度降低后就把遮阳网收起。

(4) 上棚膜后常出现问题及解决方法　草莓扣棚膜后很容易出现叶片边缘焦黄干枯状。常见的原因就是氨害。氨气是草莓温室栽培中常见的一种有害气体。草莓发生氨害时，常表现为叶片急速萎蔫，随之凋萎干枯呈烧灼状。氨气主要来源于未经腐熟的鸡粪、猪粪、饼肥等。在相对密闭的棚室中，高温发酵会产生、积累大量氨气。另外，过多使用碳酸氢铵和施用尿素没及时浇水，裸露在外面也能产生大量氨气。当温室氨气浓度达到 5～10μL/L 时，就会对草莓产生毒害。花、幼叶边缘很容易受害。防治措施为，在棚内施用有机肥料一定要充分腐熟，如果未充分腐熟，要选连续晴天时结合浇水追肥，饼肥和其他有机肥要及时翻入土内。尽量少施或不施碳酸氢铵，施用尿素时尽量沟施或穴施。在保证温度要求下，及时开风口通风换气，排除温室内有害气体。在低温季节，要谨防温室长期封闭，在确保植物适宜温度的前提下，尽量多通风换气，尤其是在追肥后几日内，更应注意通风换气。当发现是氨害时，不宜喷施任何的杀菌剂和生长调节剂，否则会加重毒害；要及时通风排气；需快速灌水，降低土壤肥料溶液浓度；可在植株叶片背面喷施1%食用醋，可以减轻和缓解危害。待作物恢复后，方可喷施杀菌剂防病和叶面肥进行营养调理。

草莓叶片焦枯另一个原因乙烯和氯气。它们主要来源于聚氯乙烯棚膜，当温室内温度超过30℃时，聚氯乙烯棚膜就会挥发出乙烯和氯气。当其浓度达到1μL/L以上，便会影响草莓的生长发育，出现受害症状。乙烯主要是加快草莓衰老，叶片老化，产生离层，造成花、果、叶片脱落，或果实没有长够大就提前成熟变软，降低草莓产量和商品性。氯气可使草莓叶片褪绿变黄、变白，严重时枯死。扣棚膜后尽量不要在温室中堆放棚膜，防止棚膜释放出有害气体。

对应的补救措施是：当发生气害后，按照每亩用45%晶体石硫合剂200～300g的标准兑水300倍后及时向植株喷洒。

（5）安装保温被　保温被是草莓冬季生产成功与否的关键部分，而保温被安装正确与否直接影响保温效果。

保温被安装方法和要求以及维护方法如下。①保温被的安装必须使用自走式前置（侧置）卷被机，越轻越好（以能够正常收卷保温被为准），防止机器压坏保温被，影响保温性能和使用。②保温被在安装前必须在温室的后墙上做预埋或者达到同样效果的稳定的安装位置。③保温被在安装前必须在棚下拼合成一个整体，缝隙之间连接平整，如果用户需要更好的密闭效果，可以在保温被外盖一张旧薄膜（也可以直接拿绳子压紧连接缝隙），温室两侧用压绳压紧，防止风吹进保温被。④保温被安装的卷轴直径必须在60mm以上、厚度4mm以上，轴与轴之间连接采取焊接的方式连接，不能使用法兰连接。⑤保温被的安装步骤：保温被拼合（必须平整）→固定后墙（必须用角钢加自攻螺丝固定在温室后墙的预埋上，不能有任何松动，有松动后无法调平，无法正常使用）→保温被连接面找平（调整保温被之间连接的松紧和平整）→固定卷轴（把保温被卷包在卷被轴上，圈数以用户自己调整，最少2圈，卷轴做水平，用角钢加自攻螺丝固定在卷轴上，不能有任何松动，有松动后无法调平，无法正常使用）。⑥夏天维护，每年“五一”后，保温被必须进行无光（草帘或者其他材料遮光隔热）、密封（薄膜密封包扎）、常温储存，温度不得高于35℃，超过35℃以上必须进行拆卸储存（不进行密封无光处理储存的产品，高温光解造成塑料老化，影响保温被正常使用）。⑦按照正常的机械安全操作方法使用机器。⑧保温被的平接方法：两块保温被同色相靠，边对齐。在离保温被边5～6cm的地方打小眼，同边眼与眼之间的距离为20cm左右，用大于3mm的耐老化的尼龙绳串上扎紧打结，展开压平。该连接方法平整、密封、节约保温被面积，是一种良好的连接方法。

(6) 温室彻底消毒准备铺地膜　在扣地膜时要对草莓温室进行彻底的消毒来防治各种病害，草莓生产中常见的如红蜘蛛、蚜虫、白粉病、菜青虫等扣膜以后易发生的这些病、虫害，会在相对密闭、温暖、湿润的温室内快速发展，危害草莓生产。为此，在扣地膜前要用高效氯氰菊酯、阿维菌素、阿米西达等药剂加上柔水通，对草莓棚进行周到细致的喷施，在喷施时要将草莓植株和草莓畦、温室过道、后墙、温室两侧山墙、温室前脚 1m 处都要均匀喷施，不要遗漏。这次的喷液量 400m^2 的温室要求 75～90L 药液。喷药时要选择连续无风晴天最好，这样做是为了防止外间的病菌随风传入。盖地膜时期以扣棚膜保温后 10～15d 为宜。最好是在连续晴天后消毒，温室土壤温度较高的时候就要及时覆盖地膜，在覆盖地膜前要打碎泥土块，畦面要平整细碎，以便使地膜能贴近地面保持地膜平整。覆膜时应选择在无风天气，下午草莓叶片变软后进行，避免早上由于草莓叶片较脆在掏苗时折断叶片和叶柄。在盖膜时顺行把地膜平铺覆盖在草莓植株上，使膜面伸展不皱，在日光温室促成栽培中常采用两块地膜搭茬在草莓畦中间，两块膜搭茬重合长度保持在 20cm 左右，再破膜掏出草莓苗的时候要保持破洞尽量小，把草莓整个地上部分全部掏出，否则遗留下的草莓叶片很容易霉烂滋生致病微生物，影响草莓正常生长。盖地膜时，随盖随破膜，将苗掏至膜上。地膜长度超过畦面长度 1m 左右。两端都要有足够的余量埋入土中，不仅美观也保证地膜相对严密。

(7) 地膜覆盖效果：

①对土壤环境的影响。a. 提高土壤温度。由于透明地膜容易透过短波辐射，而不易透过长波辐射，同时地膜减少了水分蒸发的潜热放热，因此，白天太阳光大量透过地膜而使地温升高，并不断向下传导而使下层土壤升温。夜间土壤长波辐射不易透过地膜而使土壤放热少，所以，地温高于露地。地膜覆盖增温效果因覆盖时间、覆盖方式、天气条件及地膜种类不同而异。b. 提高土壤保水能力。覆盖地膜后，土壤水分蒸发量小，故可以较长时间地保持土壤水分稳定，避免土壤忽干忽湿影响作物正常生长。c. 提高土壤保肥能力。由于地膜覆盖，膜下土壤中温度、湿度适宜，微生物活动旺盛，养分分解快，因而速效氮、磷、钾等营养元素含量均比露地增加。d. 改善了土壤的理化性质。由于地膜覆盖后能避免土壤表面风吹、雨淋的冲击，减少了中耕、除草、施肥、浇水等人工和机械操作的践踏而造成的土壤板结现象，使土壤容重、孔隙度、三相（气态、液态、固态）比和团粒结构等均优于没盖地膜的土壤。e. 防止地表盐分富集。地膜覆盖由于切断了水分和大气交换的通道，大大减少了土壤水分蒸发量，从而也减少了随水分带到土壤表面的盐分，能防止土壤返盐。

②对近地面小气候的影响。a. 由于地膜具有反光作用可以增加光照。b. 地膜覆盖可以降低温室内的空气湿度。

③对草莓生育的影响。a. 加速草莓的营养生长，促进了草莓根系的发育。b. 地膜覆盖为草莓创造了良好的生长条件，使草莓生长发育加快，各生育期相应提前，因而可以提早成熟。c. 提高草莓产量和品质。d. 因为地膜覆盖后栽培环境条件得到改善，草莓生长健壮，自身抗性增强。

④其他效应。a. 防除杂草。b. 节省劳动力。c. 节水抗旱。

在草莓生产中常用的是宽 0.8～0.5m，厚 0.008～0.01mm 的黑色薄膜。黑色薄膜除草效果也好。

（8）盖地膜后续管理　为了将草莓畦面和地膜紧密贴近，防止风吹起地膜，覆盖地膜后要适当浇水使草莓畦面湿润，便于地膜紧贴在草莓畦上。由于此时温度较高，草莓还没现蕾需要低温，温室大棚膜不能密封，风口打开，有时风较大，可使地膜剧烈抖动，影响地膜的效果发挥。为此，在未密封棚膜的时候还要用装上松软土的塑料袋，每隔一段压一下，畦头用较大的袋，中间用相对较小的袋子压，可以有效地防止地膜抖动。在压地膜时不要用尖锐的物品，否则容易划破地膜。

高架栽培模式下，基质保温性差，容易使根系温度过低，可通过以下两种方式进行保温：一是给草莓种植高架下安装塑料膜“围裙”。塑料膜没有严格要求，透明薄膜或者银灰薄膜均可。温室内经过白天光照升温，晚上可以有效保温，次日早上 10 点观测温度。经试验，此方法可以提高基质温度 3～5℃。还可以降低温室内湿度，从而减少病害发生。二是“双膜”保温。即在温室内距外层塑料膜 30cm 左右下方再罩一层可活动薄膜，白天收起，晚上盖棉被后把可活动薄膜展开罩住，类似春秋棚两侧的风口。

6. 草莓现蕾期管理

（1）现蕾时间　进入 10 月中下旬草莓开始现蕾，在观察草莓现蕾时要尽可能地多观察草莓株数，当草莓芯部出现深绿色聚集状草莓萼片时叫现蕾，整个温室达 50％的草莓现蕾称现蕾期；当 50％的草莓第三小果现蕾时称盛蕾期。将这些数据分类统计，掌握草莓现蕾量和现蕾程度数据，为闭棚增温提供依据。不同品种现蕾期存在差异。草莓现蕾时间不仅和品种有很大关系，还与种苗大小、营养状况、种苗是否经过低温处理有很大关系。早熟品种开花现蕾较早，经过低温处理的草莓种苗开花现蕾早。目前常见的草莓品种丰香、红颜、章姬等品种现蕾期较早，甜查理、童子一号等现蕾时间较晚。在管理上要根据草莓生长的具体情况进行，不要盲目照搬照抄。

（2）现蕾温度管理　当草莓开始现蕾时不要急着密封温室棚膜提高温度，

温度过高影响草莓后续的花芽分化和草莓正常的生长发育，加速草莓现蕾，使草莓花量减少、花柄细弱。为此，要在夜间视外界温度变化合理关闭风口，早上温度开始上升时再打开风口。温室温度白天要求在18～22℃，夜间温度在8～10℃。例如，今天是个低温阴天，早上温度很低只有5℃，早上就不用开风口放风，在9点钟温度上升到20℃时将风口稍微打开，增加温室内外气体交换。12点钟时候温度22℃将风口打开到8～10cm，通风10多分钟，温度开始下降到16℃时关闭风口，提高温室内温度。因为阴天温室内温度很难升高，保持温室内温度至关重要。

(3) 现蕾初期水肥管理　从现蕾期到开花前由于植株生长量大，并抽生花序，要消耗大量营养，如果基肥施入量不足，于现蕾前期结合浇水，每400m^2施氮、磷、钾比例为16∶8∶34，水溶性复合肥2～3kg，有条件的可施草木灰50～75kg，主要促进植株营养生长，增加有效花序数量，促进开花坐果。如果没有速效水溶性肥料，可以施入常用的氮、磷、钾的比例为15∶15∶15的磷酸钾三元复合肥5～6kg，或叶面喷施0.2%的磷酸二氢钾加0.1%的尿素，施肥土壤保持湿润。浇水量控制在1t左右。

(4) 现蕾期植株管理　对草莓植株进行适当的摘叶处理，即使长日照也能诱导成花，尤其摘除老叶效果更明显，因为老叶中含有较多的成花抑制物质，摘除后降低了草莓体内抑制成花物质的含量，促进了花芽分化。然而摘叶过度会阻碍花芽发育，所以在草莓开始现蕾时，就要保留和促进叶片生长，一般保留5～6张功能叶片。对那些发黄的叶子和病叶、残叶要及时去掉，保证草莓植株通风透光。

(5) 对于草莓小苗现蕾管理　草莓现蕾时草莓植株较小，这样的草莓植株现蕾开花都正常，只是花型较小，果实不大，果实的商品性不高，为此，这样的草莓植株需要提前闭棚增温管理，必要时要用赤霉素处理。具体方法：晴天上午温度在20～25℃时，用20%赤霉酸20mg/L和海洋生物肥料一起叶面喷施。在喷施后室温上升较高超过25℃时，要开小风口放风，在开风口时特别注意一定要先开小风口，不要一下将风口开得过大，造成温室温度的快速下降。喷施赤霉素后要保持温度20～25℃较长时间，利于草莓叶片吸收。

7. 草莓花期管理

(1) 适时升温催花　适期保温是草莓促成栽培中的关键技术，一定要严格掌握。保温过早，室温过高，不利于腋花芽分化，坐果数减少，产量下降；保温过晚，植株易进入休眠状态，植株一旦进入休眠，则很难打破，会造成植株生育缓慢，严重矮化，开花结果不良，果个小，产量低。因此，适时的保温，应根据休眠开始期和腋花芽分化状况而定，应掌握在休眠之前腋花芽分化之后进行。一般靠近顶芽的第一腋花芽在顶花芽分化后1个月左右开始分化。因此，在顶芽开始分化后30d左右开始覆膜保温较为适宜。北方地区在10月中旬，南方地区在10月下旬至11月初，当夜间气温降到4～6℃时开始扣棚膜保温，即第一次早霜到来之前扣棚保温较为适宜。不同地区气温变化情况不同，高纬度地区保温要早，低纬度地区保温要适当晚一些。

具体的扣棚升温时间主要受以下三个因素的影响。一是品种。因不同品种休眠时期的早晚不同，对低温的需求量也不同，解除休眠时期的早晚也不同，因此，不同品种开始扣棚保温的时期也就不同。休眠浅、解除休眠需求低温量少的品种，解除休眠的时期早，可以早扣棚；相反，休眠深的品种，低温需求量高，解除休眠的时期晚，扣棚保温的时期也就晚。二是保护设施的保温性能。保温性能不好的日光温室可以提早保温，只要低温需求量已满足休眠的要求即可保温。三是地区。由于地理纬度不同，冬季的低温程度不同，草莓进入休眠期的时间不同，保温开始时期也不同。纬度越高草莓解除休眠的时间就越早，如果利用保温性能好的设施，如日光温室，可以早保温。

在确定具体的保温时间时，不能单独考虑三个因素中的某一个因素，应综合分析。如休眠浅的品种可以早保温，但如果设施保温性能不好，保温后达不到草莓生长所需要的温度，反而会影响草莓的生长和开花结果，产量低；相反，保温好的设施，如果栽植休眠深的品种，在还没有解除休眠时就进行保温，虽然温度能达到草莓生长发育的需要，但由于低温不足，没有打破休眠就保温，植株表现矮化，叶柄不伸长，叶片小，结果少，产量低，品质差。但是，开始保温时间过晚，因低温时间过长而易使植株生长过旺，发生徒长，产量也会降低。

日光温室促成栽培主要是从草莓植株形态上观察，当草莓50%以上都开始现蕾、植株呈现出半开展状态就可以提高温室温度进行催花处理了。如果以生产目的为标准，以早熟为目的，保温宜早，在夜间气温低于15℃以下时及时覆膜；如以丰产为目的，可稍迟些，不影响腋花芽的发育即可，北方地区扣棚可在11月中上旬。

（2）扣棚后温度管理　扣棚后3d采用高温、高湿度管理。扣棚后的温度管理，保温初期，为了把即将进入临界休眠植株唤醒，使其进行正常生长和促进花芽的发育，应给予较高的温度。白天一般为28～30℃，超过30℃时要开始通风换气，夜间温度保持在12～15℃，最低温度不能低于8℃。温室内温度调节的方法主要靠放风和揭盖草苫进行，即靠白天升降保温被的早晚、放风口大小和放风时间长短来调节。一般应掌握：外界温度较低，需增加温室内的温度时，棉被要晚揭早盖，放风口要小些，放风时间也要短；外界温度较高，需降低室内温度时，棉被要早揭晚盖，放风口要大些，放风时间也长些。连续两天的高温高湿的管理，草莓的叶片颜色逐渐变嫩绿色，草莓植株明显直立很多，很多草莓开始抽生花蕾，有少量的开花。

植株开始现花后要停止高温多湿的管理，使温度逐渐下降，白天保持在25～28℃，夜间8～10℃，夜温不能高于10℃，否则影响腋花芽的发育，使花器官发育受阻。降温要逐渐进行，不要一次把室温降下来。植株开始现花后是促成栽培草莓由高温管理转向较低温度管理的关键时期，在降温的同时，室内湿度也由于放风而迅速降低，叶片易失水干枯，严重时花蕾也会受到损伤。所以这次转换温度要逐渐进行，降温可持续3d左右，并需要白天给叶片喷2次水。

(3) 花期温度管理　由于前几天的高温高湿管理，草莓开始进入花期，此时草莓花对温度的反应更敏感。草莓开花的最低温度为11.7℃，适宜温度为13.8～20.6℃，温度过低花药不能开散。草莓开花授粉后，还要进行花粉发芽，长出花粉管才能受精。温度在20℃以下和40℃以上都会影响草莓花粉发芽，当温度在25～30℃最好。综合上述开花和授粉受精对温度要求的情况，此期室温应掌握白天23～25℃，夜间8～10℃。由于阴天温室内湿度较高，温度较低，影响草莓的正常授粉。为此，在花期要尽可能地维持温室的温度在草莓开花所需的温度范围内。当温度很低时升起保温被后，在温室过道上均匀摆放3台暖风机，朝向过道吹暖风，提高温室内温度，加快温室内空气流动，消除温室内的雾气。当温度上升到20℃停止加温，利用日光正常加温即可。

草莓开花期对温度要求较为严格，应根据开花和授粉对温度的要求来控制温度，白天要保持23～25℃，夜间8～10℃为宜。增加温室的光照条件，有利于提高温室的温度。早上升起保温被后，用抹布将棚膜内的水气和水滴及早擦去，在外面用抹布将棚膜上的灰尘抹去，增加棚膜的透明度。草莓花期特别注意在保证温度情况下，要注意通风降低温室内的湿度利于草莓授粉。

(4) 及时放置蜜蜂辅助授粉　在草莓的促成栽培中，草莓开花时期为4～5d，花期温室内风弱，外界昆虫无法进入，草莓借助风力与昆虫授粉已不可能，人工辅助授粉费工费时，效果不好，容易造成草莓授粉不良，经常发生坐果率低或畸形果率高的现象。致使草莓品质下降和减产，其原因主要是温室内草莓开花期温度较低、湿度大等，使花药散粉和授粉受精受到严重影响。为提高坐果率，目前除采用选择育性高、花粉量大的品种和花期保持适宜授粉受精的温度、湿度环境外，最简便有效的措施就是在温室内放养蜜蜂。据试验，温室内放蜂可提高坐果率15.6%，明显提高产量，增产30%～50%，畸形果减少80%。放养蜜蜂的时间一般在草莓开花前7～8d将蜂箱放入温室内，使蜜蜂在花前能充分适应温室内的小气候，在草莓刚开花时，将蜂箱放进温室的中西部，蜜蜂出入口朝东，因为蜜蜂有趋光性，有利于蜜蜂出巢。温室白天温度达到16℃时，蜜蜂便出来活动。由于温室南面光线强，蜜蜂出箱后往南飞会碰到温室的棚膜弹落在地上，失去飞翔能力。为了解决这一问题，开始几天，要从温室外面把底膜用草帘盖上，遮住阳光，避免蜜蜂趋光碰膜。几天后蜜蜂适应了环境，再将底部草苫撤掉。掉在地上的蜜蜂要拣回放在蜂箱出入口处，让蜜蜂爬回箱内休息恢复体力，可继续出来活动。到了花期，蜜蜂开始采集花粉达到异花授粉的作用。温室内温度控制在20～28℃为最佳。蜜蜂出巢活动的最适温度为15～25℃，与草莓花药开裂的适温13～22℃相接近，当温度达28～30℃，蜜蜂在温室内的角落或风口处聚集或顶部乱飞，超过30℃则回到蜂箱内。所以当白天温度超过28～30℃时要进行通风换气，保证顺利授粉。放蜂前10d，不能喷施杀虫药剂，特别是放蜂后更不能喷施各种农药，以防误杀蜜蜂。放蜂结束或中途想把蜜蜂移走，可采取放风降温法，温度低于15℃时，蜜蜂自动飞回蜂箱。一般每栋温室放一箱蜜蜂即可。当蜂量不足时，可以将两个温室中的蜜蜂放在一起隔天轮换使用箱蜂，每箱5000只左右，蜂箱在每个温室的位置要固定不变，不可错位。蜜蜂授粉可使草莓异花授粉均匀，坐果率高，降低畸形果率，提高产品的产量、品质及商品性。

温室温度较低，光线不足蜜蜂出巢率不高。蜜蜂不爱出巢有多种原因，主要是温度问题，蜜蜂正常工作最低温度是14℃。有时温室内温度已超过14℃，蜜蜂仍然不爱出巢，这是因为温室内昼夜温差大。有的温室保温不好，夜间降到5℃以下，甚至降到0℃，这时蜜蜂在巢内已形成蛰居状态，第二天温度虽然上升到14℃以上，但是蜜蜂苏醒慢，仍不活跃。要想解决这个问题，应尽量设法使温室内夜间温度保持在8℃以上，使蜜蜂早晨提前出巢工作。最好的方法就是用旧的棉被将蜂箱四周包起来，留出蜜蜂出气孔和进出通道，保证蜜蜂蜂箱内的温度，只有温度上升蜜蜂出巢率才会增加，另外可以用葡萄糖溶液叶面喷施，蜜蜂对糖的味道很敏感。

(5) 花期水肥管理　草莓进入花期需要充足的水分供应，由于温度高，尽管有地膜和棚膜覆盖，基质水分的蒸发量仍然很大，容易造成基质缺水。而由于棚膜滴水，且地膜将基质表面蒸发的水气部分凝结于地膜下面，基质表面常常很潮湿，造成一种基质湿润假象，实际上植株根系分部层的基质往往已经缺水。所以，扣棚保温后，一般每隔1周就要浇1次水，以保证基质有充足的水分。草莓开始现蕾后新叶不断抽生，如果水分不足，不仅生长受抑制，而且易发生肥料浓度障碍，导致叶片枯萎，应及时灌水。灌水标准可通过早晨观察叶面水分决定，如果早晨在叶缘见到水滴，可认为水分充足，根系功能旺盛，如果叶缘没有水滴则应灌水。灌水的方法常用滴灌，灌水量为400m^2灌水1t，一般不采用明水沟灌，以防止室内湿度过大。

在日光温室促成栽培中，采用H形高架基质栽培技术，根系生长在基质中，透水透气性好，保温保肥性差，容易出现缺水和营养不足的现象。在水分管理上，相较于传统土栽5～7d浇水1次的频率，基质栽培的浇水频率要增加，一般为2～3d浇水1次，浇水量要小，每亩（1亩＝667m^2）浇水量为0.5～0.8t。

（6）花期草莓植株管理　草莓开花量很大，其实有很多花是无效的或是不能全部保留的，需要根据草莓品种和草莓植株健壮程度酌情去留草莓花。草莓开花时不同的草莓品种花序抽生不同，日系品种如丰香、红颜、章姬、佐贺清香等多是二歧或多歧聚伞花序，而且品种间花序分歧变化较大。典型的二歧聚伞花序，花轴顶端发育成花后停止生长，形成一级花序，在这朵花柄的苞片间长出两个等长花柄，其顶部的两朵花形成二级花序，再由二级花序的苞片间形成三级花序，依此类推，花序上的花依照此顺序依次开放。每个花序着生3～30朵花，一般为20朵左右。由于花序上花的级次不同，开花先后也不同，开花早的结果早，果个大；开花过晚的花往往不结果，成为无效花。草莓主要是从新茎顶端抽生花序，称主花序，而新茎分枝及叶腋处也能抽生序，称为侧花序。一般侧花序的质量比主花序差，花期晚，果实小，品质较差，产量也低。生产上通常要疏去过多的侧花序，只留1～2个侧花序，以保证果实的高产优质。欧系品种多是单柄花，如童子一号、甜查理、阿尔比等。它们一个花柄上只着生一个花，先抽生的花先开，先坐果，果柄也粗，后面抽生的花柄细弱，花、叶小，要及时疏除，确保前面的果实发育。

在疏除小花小蕾时要注意草莓的挂果情况和植株上的花量，如果植株上花量小就先不要着急疏除，如果花量大就把小花、小蕾摘除，如果大花柱头发黑或果实已经畸形则去掉，保留较大的花。在早期小花小蕾都向上翘起很容易识别。在疏除小花细蕾时不要一步到位，要分批进行。

（7）彻底摘除畸形果　由于草莓开花期较长，花量大，很容易受到外界温湿度或昆虫媒介影响，产生畸形果。总的来说，草莓畸形果发生的主要原因是授粉受精不完全。在一个果实上，受精良好，可形成正常的种子，是果实正常生长发育的基础。一般果实有种子的部位膨大正常，未受精部位没有种子，果实不膨大，就会形成凹凸不平的畸形果，失去商品价值。造成授粉受精不良的原因很多。①由于管理条件差，施用氮肥不当，花芽分化和发育不良，雌雄两性器官发育不健全，是造成不能正常授粉受精的内在因素。②外界不良的环境条件也是形成畸形果的主要原因。在保护地栽培条件下，当设施保温性能不好时，花期温度过低，棚室内又不能及时通风换气，易造成棚内湿度过高，甚至达到饱和状态，在低温、高湿情况下，花药不能开裂，或开裂但散粉不良，或由于湿度过高，花粉粒吸水膨胀破裂，不能进行正常的授粉受精，都会造成畸果。③花期喷药，甚至喷水也会形成畸形果。据研究报道称，在草莓开花期，喷施抑菌灵、克菌丹对花粉的发芽有抑制作用。在开花后1～4d，喷施抑菌灵，对产生畸形果影响最大，其次是代森锌、克菌丹、敌菌灵、敌百虫等。畸形果要及早摘除，在棚内作业时就随手把畸形果摘掉，防止其争夺养分。

(8) 疏花疏果合理留果　为了提高草莓果实的商品性，在草莓坐果后要加紧疏花疏果以免养分消耗，使营养集中在留下的花果上，从而增加果实的体积和重量。一般大果型品种保留第一级、第二级花序和部分第三级花序，中小型果品种保留1～3级花序花蕾，对第四级、第五级序花全部摘除。具体留果数可根据花梗的粗细、叶片数量和叶片大小、厚度、颜色来决定。草莓每株一般有2～3个花序，每个花序可着生3～30朵花。先开的花结果好，果实大，成熟早，而高级次的花开得晚，往往不能形成果实而成为无效花，即便形成果实，也由于果实太小，而成为无效果。所以在开花前，花蕾分离期，最迟不能晚于第一朵花开放，疏去高级次花蕾，以及株丛下部的弱花序，一般每个花序上保留最大的1～3级花果。健壮草莓植株保留12～16个果，中等植株保留8～10个果，弱株保留4～6个果。对于弱小的植株疏除全部花果培养草莓植株。在疏花疏果时一定要先整体把草莓果抓起来，摘除畸形果、病果之后再根据草莓长势留果，疏花疏果有利于减少植株养分消耗，集中营养，使果实成熟期集中，减少采收次数，提高果实品质，提高商品果率，还可防止植株早衰。

(9) 悬挂二氧化碳施肥袋　草莓在生育过程中，叶片接受阳光吸收二氧化碳，根系吸收水分及矿质营养并输送到叶片中，在适宜的温度条件下，叶片中的叶绿体进行光合作用，生产出碳水化合物并放出氧气和能量，这便是草莓的光合作用。光合作用是草莓物质生产的基础。日光温室促成栽培中，正值最寒冷的冬季，为增温保温一般情况下放风量较小，放风时间较短。在揭开草苫后不久，草莓光合作用用去大部分二氧化碳，很快使室内二氧化碳浓度低于外界(0.03%)，致使草莓光合作用处于饥饿状态，温室中增施二氧化碳会明显提高草莓光合作用效率，并使产量比对照增加20%～50%，同时，增施二氧化碳还能增加大果比率，提高果实糖度，从而提高果实的糖酸比。因此，增施二氧化碳已成为当务之急。较为实用的是袋装的碳酸氢铵和催化剂混合使用，目前市面上已有成套装置销售。在反应完后的残液中，加入过量的碳酸氢铵中和掉残液中的硫酸，即成为硫酸铵，稀释50倍后可作为追肥施用。

8. 草莓果期管理

(1) 温度管理　草莓是典型的节日经济作物，价格最好的时间在元旦前后和春节前10d，其他时间价格相对较低，且销售量也不大。另外草莓是隆冬第一果，不仅要求有较好的商品性，即外观，大小、色泽也都要有较好的看相，同时品质也要求是绝对优质。为此，在草莓发白的时候、大果达到鸡蛋大小的时候，要根据距离上市时间长短来确定以后的温度管理。草莓开花至成熟所需天数，随温度高低而异。温度高，时间短，相反则时间长。草莓的成熟，需要一定的积温量，温度在17～30℃内，一般有效积温达到600℃时即可成熟。如平均温度20℃时30d成熟，平均温度在30℃则20d成熟。温度高草莓成熟快，果实品质很难保证，为此在以后的温度管理上要适当降低温度，温度到25℃就开风口放风降温，温度维持在22～25℃，夜间温度在5～6℃。

（2）水肥管理　草莓果实大部分有拇指大小，此时，要进行追肥补充养分。农作物每年都不断从土壤里带走养分，为保证产量，我们通常通过施肥的方式，不断向土壤补充养分。农作物生长所必需的营养元素总共16种，分别为碳、氢、氧、氮、磷、钾、钙、镁、硫、铁、锰、硼、铜、锌、钼、氯以及有益元素硅等。这些营养元素都是农作物生长所必需的，缺一不可，对农作物都同等重要。在土壤肥料学里，有著名的“最小养分律”，指的是决定农作物产量的，是土壤中相对来说含量最少的养分，要提高农作物产量，得补充相对含量少的养分，盲目增施氮肥、磷肥、钾肥，不仅仅对产量没有帮助，反而会造成减产和病虫害的增多，并进一步恶化土壤环境。因此，补充中微量营养元素，不仅仅可以提高产量，还可以改善农产品的品质和抗逆性，减少病害的发生，降低农药的使用量，帮助农作物吸收土壤中过量的氮、磷、钾元素。

在生产中常用，效果较好的是海洋生物蛋白有机肥料。该肥料中不仅含有氮、磷、钾等大量元素，同时含有多种微量元素满足草莓生长发育的所需养分。还有一类就是稀土冲施肥，它配以大量元素结合自身的养分，形成独特的冲施肥。如果没有冲施肥可改用氮、磷、钾元素比例为19∶8∶27的水溶性肥料。

草莓冲施肥多以滴灌的形式随水滴到草莓根部，所以要求肥液浓度要均匀。在浇肥之前把肥料溶于水中，上午温度上升到20℃时开始浇清水5min关闭进水阀门，将肥料溶液等分成2～3份，每次只往施肥器中倒一份浇15min后，再注入另一份肥液，等浇完肥液后再浇5min的清水，冲洗浇水管道。浇水量控制在1.5t。浇水后开小风口通风排湿，防止大风口快速降温。对于像章姬这样果实微软的优质草莓在果实膨大期每次施肥时，每400m^{2}加入0.5kg的硝酸钙水溶液，有利于果实硬度增加，提高果实的着色。

12月开始草莓生长很快，第一花序草莓果实开始发白，果实大的有乒乓球大小，要及时疏除细弱花和蕾，果实幼小不周正的也要及时疏除。要保证养分集中供应促进果实个头足够大。果实膨大时喷施磷酸二氢钾加尿素，是快速补充草莓磷肥、钾肥的有效手段，当温室内温度上升到20℃时用0.2%磷酸二氢钾加0.1%尿素溶液。在喷施磷酸二氢钾时每15kg水溶液加入3g碧护配成溶液一起喷施，有利于草莓进行光合作用。

（3）阴雪天管理　12月到1月这段时间将出现降温和雨雪天气，持续时间长，强度大，会造成日光温室内光照不足、温度下降，如果持续时间长，对温室内的草莓影响很大，为此在草莓生产上最主要做好如下几个方面的工作。

① 增加覆盖物。增加草苫覆盖厚度，使草苫厚度在3cm以上，再在草苫上加盖一层塑料薄膜，实行双膜夹草苫的覆盖方式。这样不仅能提高大棚的保温防寒效果，又能保护草苫不被雨雪破坏。

② 注意揭盖草苫。晴天草苫要早揭晚盖，尽量延长草莓见光时间；阴天可以适当晚揭早盖，避免棚内热量散失过多；阴雪天要在中午短时间揭开草苫，使草莓接受散射光照射，草莓长期处于黑暗状态会造成光饥饿，叶片黄化甚至脱落，不能连续数日不揭开草苫。天气骤然转晴时不要立即揭开草苫，这样草莓叶片会因突然受强光照射而失水萎蔫下垂，应逐步揭开草苫或间隔揭开，使草莓慢慢适应强光照射。

③ 适当加温。棚温降到0～3℃、超过4h时，日光温室草莓会遭受冷害。低温寒流天气棚温降到0℃时，应将无烟煤或木炭燃烧至不冒烟时放入棚内临时加温，这样在加温的同时能增加棚内二氧化碳浓度，有利于草莓生长，有条件的可以用电暖气加温。

④ 适当控制结果量。在连阴雪、低温和光照不足的气候条件下，草莓叶片光合能力弱，制造的营养物质少，满足不了草莓正常结果的需要，如果和正常气候条件下一样留果，会加重植株负担，使植株生长衰弱，抗逆能力降低。在不良气候条件下要对植株适量疏花疏果，使植株少结果，以保证营养生长对养分的需求，天气转好时再转入正常管理。

⑤ 严格控制水肥。在阴雪天浇水会造成棚内湿度过大，地温降低，产生沤根和烂根现象，应严格控制浇水量。浇水后遇连阴雪天气，在中午短时间通风排湿。

⑥ 喷施营养液。在长期低温寡照的条件下，草莓植株光合作用弱，营养物质积累不足，叶片易变薄、黄化，可以喷施1%蔗糖溶液补充养分，以喷湿叶面为宜。

⑦ 正确防治病害。不良天气易造成草莓生长缓慢、果畸形、下部叶片黄化脱落等，在未确诊前不能盲目施药。以免产生药害，要等到晴天确诊后再对症用药。禁止用喷雾法施药，尽量采用熏烟的方法施药，避免增加棚内湿度，加重病害。

（4）光照管理　草莓叶片的光饱和点约为20000lx，光补偿点为5000～10000lx，开花结果期和旺盛生长期适宜的日照长度为12～15h。在温室栽培中要及时地补充光照，保证草莓植株光合作用。生产上应用最广泛的是安装补光灯进行补光，进行增光处理。每盏100W灯约照7.5m^2的面积，将灯架在1.8m高处，每天17：00～22：00加照5～6h。另外，还可在草莓棚室内的北侧弱光后墙处挂一道宽1.5m的反光幕，能明显增强棚室北侧的光照，增强植物的光合作用。在早上升起保温被后用抹布将棚膜内的水气和水滴及早擦去，在外面用抹布将棚膜上的灰尘抹去，增加棚膜的透明度，提高透光率。

9. 草莓果实成熟管理

不同的品种成熟期差异很大，目前日光温室促成栽培成熟最早的是丰香，依次为幸香、甜查理、红颜、章姬、童子一号等。甜查理虽然开花期晚于红颜等品种，但成熟期早于红颜。甜查理成熟较早，前期产量高，产量集中，但甜查理的畸形果很多，在前期摘除畸形果后，草莓果尖部授粉不完全，在快要成熟时果尖部开裂影响草莓商品性。为此，甜查理要及早并严格地疏除畸形果，只要果面有一点畸形，这样的果实就不能装入礼品箱中，只能做次品销售。红颜成熟标准是果实到达95%红就可以，童子一号果实要求完全转红，否则果实硬且酸，品质不高。章姬上市时间是果面达到85%红，果肩部发白就可以采收。

如果草莓成熟就要及时摘除，否则温室内温度较高湿度大，果实很容易腐烂。如果照顾成熟的果实，降低温度就会影响后面的果实成熟。这时成熟的果实由于花芽分化多在9月底和10月份完成，那时温度变化剧烈，草莓果实多是畸形，如鸡冠形状、大扁片状的果型居多，这样的果实较大，平均单果重在50g以上，大的可以达到110g。

草莓成熟要控制温室内的湿度防止棚膜滴水，草莓果实水浸腐烂。为此在早上温度较低的时候就要适当晚些开棚，防止棚膜表面结冰影响棚内的透光性和保温效果。

草莓快要大量成熟时，应该加强草莓如下管理以提升草莓品质。

（1）平衡施肥　草莓虽然快要成熟但后面仍有很多幼果需要大量养分。追肥时注意施有机肥及磷肥、钾肥，因为有机质含量高会使果实着色好、糖度高。另外，其他微量元素肥料如硼、铁、锌的施入也必不可少，以免出现缺素症。

（2）增加果实光照　铺0.01mm的白色地膜或银色地膜，不仅可增加地温、保持土壤水分，还可提高果实着色度与洁净度。用细绳、线、塑料绳及木棍、竹竿成行将草莓植株叶柄、叶片适当向上拦，让短梗果序上的果实充分暴露在草莓畦两侧的阳光下，不让叶片挡住果实的光照，也是提高果实糖度和着色度的有效方法。

（3）适度控水　在果实着色期使土壤水分保持在田间持水量的65%～70%，土壤排水与适当干燥也可提高果实的着色度和糖度。

（4）加大温差管理　适当提高白天的温度，降低夜间温度，进行大温差管理，温差控制在15～20℃。果实成熟期夜间温度过高，会使果实较快成熟，但果实酸度却未来得及下降，导致酸度增加。

（5）转果　草莓一面受到光照，受光果面上色很快，但背面贴近地膜温度较低，转色较慢，温度高、着光的部分果面因温度高成熟快，有时果面都为紫红色，可背光面依然为青白色或粉红色，形成阴阳果。为此，在果实快要成熟时要轻轻地将草莓果实转动一下，将果实背面着光。在转果时不要太晚，否则程度较高的果面转到背面贴近地膜，在果面和地膜之间有水容易造成果实腐烂。转果时间也不要太早，转果最佳时间是着光果面呈粉红色后就可以转果了。转果要轻拿轻放，否则容易扭伤果柄，甚至扭掉草莓。在转小果时要轻压一会，防止草莓再转过来。转果时间最好选择在晴天无滴水的时候进行，温室内温度较高时要通风降温进行转果，否则果面温度较高接触地膜容易造成果面擦伤。

10. 采摘与包装

草莓果实在成熟的过程中，果实的内含物质也在发生变化。果实在绿色和白色时没有花青素，果实开始着色后花青素急剧增加。随着果实的成熟，含糖量增加，主要是葡萄糖和果糖。草莓果实中的酸，大部分是柠檬酸，其次是苹果酸，随着果实的逐渐成熟，草莓果实中的含酸量急剧减少。在鲜食草莓品种中，草莓的品质主要体现在草莓果实的糖酸比上，有的草莓用仪器测量时糖度较高但口感不一定甜，可能是酸度也大，草莓最佳的糖酸比为12～14。草莓果实中维生素C的含量较高，每百克果肉约为80mg，为一般水果的5～10倍，但未成熟的果实中维生素C含量较少，随着果实的成熟其含量增加，完全成熟时含量最高，而过熟的果实中维生素C的含量又减少。为此，为了保证草莓品质，一定要根据草莓特性在最佳的草莓成熟期及时采收。

草莓陆续开花、结果，成熟期不一致，温室栽培采收期长达5个月，从12月份到6月初，同一果穗中各级序果成熟期也不同，需要分期采收。果实刚开始成熟时数量较少，可以几天采一次，采果盛期要每天采一次。每次采摘必须及时将达到采收标准的果实采完，以免造成果实过度成熟影响商品性能，受灰霉病的侵染。草莓采摘应从早晨露水已干至上午11点之前或傍晚温度较低时进行，温度高或露水未干时采下的果实易被碰伤而引起腐烂。草莓果实皮薄，果肉柔软、多汁，采摘时要小心仔细，不能乱拉乱摘，应用大拇指和食指轻轻掐住草莓果的中下部，然后向相反的方向折草莓果柄，使草莓在果柄和萼片离层部分分离，尽量不要带果柄，否则在包装时果柄容易相互扎伤草莓。不能硬采、硬拉，以免碰伤果实。对病虫果、畸形果和碰伤果应单独装箱，不可混装。采收所用的容器要浅，底要平，采收时为防止挤压，不宜将果实叠放超过 3 层，采收容器不能装得过满。现在有各种型号的食品周转箱，可选用高度 10cm 左右、宽度和长度均在 30～50cm 的长方形塑料周转箱，采摘完后各箱可卡槽叠放，使用很方便。摘下来的草莓要统一放到包装车间进行分级包装。没有统一包装车间就要用包装盒一次性装好，不要倒箱重装。保护地草莓主要是在水果淡季以鲜果供应市场，属高档果品，因此分级标准较高，一般一级果 20g 以上，二级果 15～20g，三级果 10～15g，10g 以下为等外果。

四、 高架基质消毒

经过几个种植周期，多余的养分会在基质中残留，易造成草莓苗成活率低。鉴于以上基质栽培特点，高架基质消毒可采用液体石灰氮和硫黄粉消毒两种方式，目前应用最广泛的是硫黄粉消毒方法，可达到调酸、杀菌的目的，具体步骤如下：

（1）基质适当灌水　对基质适当灌水，不要让基质太干，否则高温干旱会让承装基质的黑白膜和无纺布等老化、容易脱落。

（2）去除大根　用剪刀将地上部分植株和大根去除（图 5-8，见彩图）。等几天后，须根腐烂，将剩余的大根拔出，以免下季栽培中未腐烂的根传播病菌造成枯萎病。

（3）撒施硫黄粉　向畦面撒施硫黄粉，用量为每架 400～500g，在基质表面撒匀，不要翻到基质下面（图 5-9，见彩图），让硫黄粉随着每次灌水逐渐渗入基质，注意不要超量使用，超量使用会对装填基质的黑白膜和无纺布等造成腐蚀。

（4）覆膜　对基质覆膜，保持其湿度（图 5-10）；温度保持在 40℃就好，不要超过 60℃，温度过高会造成基质发酵，影响下季栽培。栽苗前 7～10d 揭膜，灌水将基质中多余的养分冲洗一下，并用多菌灵、百菌清和噻螨酮等药剂喷施畦面。

（5）装填基质　对于旧基质明显减少的，除了装填新基质外，还要将旧基质彻底翻一下，避免其过实、透气差，影响草莓长势。

图 5-10 覆膜

第二节 半基质栽培模式

传统土壤栽培模式下，随着温室大棚草莓种植年限的增长，土壤中大量营养元素含量富集，土传病害逐年加重，土壤盐碱化严重，土壤连作障碍突出。基质栽培虽然在一定程度上解决了连作障碍，具有透水透气性好等多项优点，但是在积极促进基质栽培技术在生产中运用的同时，还应该清醒地认识到目前基质栽培存在的缺点：由于基质间颗粒孔隙较大，水分和肥料营养很容易通过基质，基质的温度也会随着孔隙间空气流动而快速降低，保水、保肥、保温的能力都非常差，导致红蜘蛛等病虫害容易发生，加上对专业技术要求严格，一次性成本投入高。

草莓产业的发展一直都是在实践中不断创新，在创新中不断发展的过程。草莓半基质栽培模式就是针对传统土壤栽培和基质栽培中出现的问题提出解决办法，在实践中不断创新出的新型草莓栽培模式。自 2012 年开始，路河创新工作室就开始探索草莓半基质栽培模式，经过 3 年不断试验、完善，于 2016 年获批国家实用新型专利，并将其纳入北京市昌平区政府补贴范围，开始进入全面推广阶段。通过新型半基质栽培模式的推广，使草莓的产量和品质得以进一步提升，保障了草莓产业健康稳定可持续发展。

草莓半基质栽培模式，是在原有基质栽培技术基础上进行改进，将原有基质栽培与土壤栽培的优点相结合，将土壤与基质优点充分挖掘出来。该种栽培模式呈梯形，下部将土壤回填成三角形，上部铺设基质。

一、 安装操作规程

（一） 板材选择

常见的栽培槽板材有砖、木板、硅酸钙板等。

砖体栽培槽具有结实耐用的优势，其缺点为：砖体较重，前期搭建过程中投入人力较多；同时砖体较宽，占用空间大，减少了单位面积土壤使用率，从而影响农户经济效益。

木板栽培槽具有轻便、易于安装、前期投入少等优势，其缺点为：木板遇水易变形、耐腐性差；高温干旱情况下，板材延展性降低、变脆易断裂，影响栽培槽使用寿命。

硅酸钙板具有轻便、易于切割、安装等优势；同时板材遇水后有良好的延展性，不易断裂，结实耐用；正常情况下能保证 5 年使用寿命，避免重复打垄，节省劳动力，从而降低成本投入。

（二） 栽培槽栽培优势

栽培槽一次搭建，能反复使用，省时省力，降低草莓产前投入成本。避免重复打垄、塌畦、倒畦，降低劳动强度，节省劳动力资源。栽培槽整齐美观，能改善草莓棚室环境，增强采摘观赏性，有利于农业与旅游业结合发展，从而提升农户经济效益。

（三） 草莓半基质栽培模式选用板材

在草莓半基质栽培模式中，栽培槽采用性价比较高的硅酸钙板，其规格为宽 1.22m、长 2.44m、厚 0.8～1.0cm。

（四） 半基质栽培模式简介

半基质栽培模式呈梯形，下底宽 0.6m，上底宽 0.4m，地上部高 0.35m，长度根据每个大棚的实际情况而定，一般长 6.5m，农户可达 7～7.5m。400m^2 标准温室原则上建 45～50 个栽培槽。具体如图 5-11 和图 5-12 所示。

（五） 板材加工

温室地面要求平整，栽培槽使用的材料为硅酸钙板，规格为宽 1.22m、

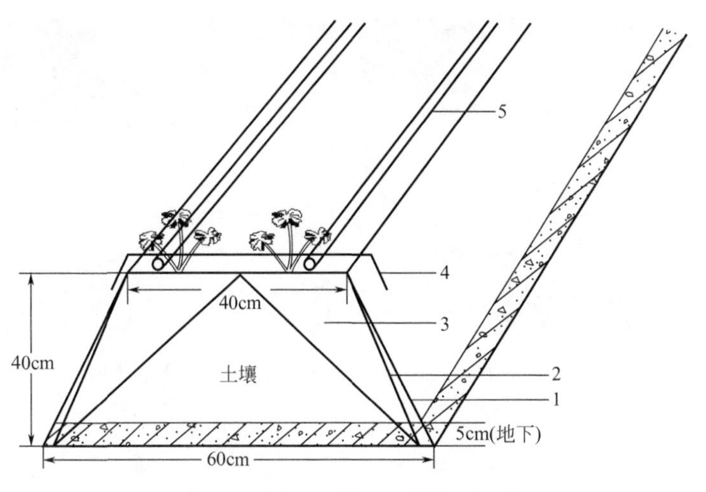

图 5-11　草莓半基质栽培模式结构

1—板材；2—PVC 膜；3—基质；4—银灰膜；5—滴灌系统

图 5-12　安装完成的栽培槽

长 2.44m、厚 0.8～1.0cm。将原材（硅酸钙板）整板进行加工，加工栽培槽的两侧挡板（宽 40cm 左右、长度为 2.44m）（图 5-13）；加工栽培槽的两端堵板（上底宽 40cm、下底宽 60cm、高 40cm 的梯形）（图 5-14）。在对板材进行加工时，要预先将堵板和两侧板材连接的孔打好。所有打孔均在距板材边缘 3cm 处，以防板材破裂（图 5-15）。

（六）栽培槽安装

栽培槽为南北搭建，长度根据棚内实际跨度，一般为 6m 左右。栽培槽地下掩埋 5cm，地上留 35cm。栽培槽两侧与两端等腰梯形上底持平，完成栽培槽的搭建。

图 5-13　加工两侧挡板

图 5-14　加工梯形堵板

图 5-15　打孔

根据实际打垄数量画线，在垄与垄间过道处挖深度为 25cm 的沟放置栽培槽挡板（图 5-16，见彩图），之后将过道向下挖 20cm，将所有土壤回填到栽培槽内。板材地下要掩埋 5cm，要填基质压实，否则浇水后容易漏水。

在实践生产中广大农户逐渐摸索出一种便捷的固定栽培槽方法。用一块长度为 60cm 左右的木板，在木板两侧做切口，使其和栽培槽形状契合。切口下方边距为 0.4m，深度 3～5cm，能固定栽培槽即可。在安装栽培槽时，将切口卡在两侧板材边缘，多块木板同时固定，不但可以固定板材，而且可以精准掌握栽培槽上部的宽度，使安装好的栽培槽更加标准统一（图 5-17，见彩图）。

两侧挡板如出现小块拼接，拼接的小块板材应固定在靠近堵板的地方，可以适当减轻压力，防止板材损坏。堵板要在两块侧板之间，即在两块板内侧，这样可撑起两侧挡板，起到支撑的作用，防止两侧挡板倒塌。

对于栽培槽的形状固定，可以用钢筋弯成 U 形卡住两侧板材进行固定，防止栽培槽因后期不断浇水施肥膨胀撑裂。

（七）铺设内膜、回填土壤

整个栽培槽搭建完成后，槽内部四周贴一层厚度为 0.08～0.12mm PVC

膜，要求覆盖整齐，没有脱落、破损等情况（图 5-18，见彩图）。在回填土壤时要求为三角形。

槽内部附着的内膜可用棚膜代替，但不要使用过软的地膜，否则容易贴在板材上，长时间会起绿苔，影响板材寿命。

回填土壤为三角形（图 5-19），栽培槽内土量不要太少，至少达到 2/3，上部基质应占 1/3。土量太少，基质使用量就会增多，不但会提高栽培成本，还会影响半基质栽培的效果。

图 5-19　土壤回填成三角形

（八）填装基质

基质填充紧实，略高于栽培槽，同时保持栽培槽整体完整，没有变形、开裂等情况。基质组成为草炭、蛭石、珍珠岩按比例 2∶1∶1 混合。草炭绒长不低于 0.3cm，珍珠岩粒径不低于 0.3cm，蛭石粒径不低于 0.1cm。在填装基质时与草莓 H 形高架基质栽培模式注意事项一致，混合基质时加入混砂，灌水增湿，适当加入有机肥。在种植前一定要将基质充分彻底清洗一遍，以基质渗出液不混浊为宜。多次使用的基质适量加入珍珠岩，填装时基质要呈馒头状(图 5-20，见彩图)。

特别需要注意的是，要让基质沉降完全。基质填装完毕后，喷灌洒水，使基质完全湿透，一般需浇水 2～3 次。待基质完全沉降后，如沉降量过大，低于畦面，应根据沉降量及时补充基质，再次浇水，使基质湿透沉降。如此反复，直至基质完全沉降后与畦面平行或略高于畦面。

草莓定植缓苗后采用 0.012mm 银黑地膜覆盖畦面。栽培槽之间空地用地膜覆盖降低湿度。

（九）草莓半基质栽培模式选用滴灌系统

配备 500L 的塑料施肥桶，配有单独的水泵。主管材料为直径 32mm PVC 管道，滴管采用滴距为 15cm 的滴灌带，要求每槽两条。

二、半基质栽培的优势

半基质栽培模式下，上层用的是基质，可以在每年种植季结束后，通过基质的清洗、消毒等步骤，可以有效地解决土壤连作障碍，减轻土传病害的发生。采用半基质模式栽培草莓具有以下优势。

（1）保水性提高　保水性又称土壤蓄水性，是指土壤吸入和保持水分能力的性能。使用常规的基质栽培技术，其水分很容易通过基质，而很难保存，需要采取小水常浇的模式，不然很容易出现缺水现象。采用半基质栽培技术，能够很好地避免以上栽培模式的不足，在上层基质保证通透性的同时，下层土壤可以起到很好的蓄水作用，从而达到既具有很好通透性，又具有较好的保水性。

（2）保肥力更强　土壤的保肥性是指土壤对养分的吸收（包括物理吸收、化学吸收和生物吸收）和保蓄能力。常规的基质栽培技术，全部采用基质栽培，基质间颗粒孔隙较大，毛细管作用弱，不利于水肥的存储，而半基质栽培技术，其土壤部分土壤颗粒间孔隙小，小孔隙多，毛细管作用强，保水性相对于基质高很多，从而将更多肥力保存在土壤中而不被淋失。

（3）保温效果更好　土壤温度是指地面以下土壤中的温度，主要指与植物生长发育直接有关的地面下浅层内的温度。草莓根系深度在 20cm 左右，在常规基质栽培技术中，全部采用基质，基质间具有较大的孔隙，随着孔隙间空气流动，基质的温度会随着室温的降低而快速降低，不利于草莓生长，而采用半基质栽培技术，由于土壤颗粒间的孔隙较小，孔隙间所含空气的流动性不强，使得栽培槽中的温度可以保持，从而保证草莓根系的温度不会随天气温度骤降而快速降低。

（4）稳定根系　植物根系具有向水性、向肥性、向地性，而常规的基质栽培多采用草炭、蛭石、珍珠岩这些黏着力较差的基质配比，但是它们通透性好、保水保肥性不佳，为此在日常管理中常控制其浇水施肥量，使肥料保存在表层，从而造成草莓根系不向下生长，导致草莓根系浅。而使用半基质栽培技术，可以有效避免上述问题，草莓施肥后，水分和营养物质保存在土壤中，根系根据自身特性，很容易扎入土壤中，从而达到了稳定根系的目的。

（5）改善微量元素供给问题　在传统的基质栽培技术使用中，对各营养元素的使用是必需的，对大量元素的追加技术是比较成熟的，然而对微量元素的追加却存在着不足，而半基质栽培技术可以有效地防止微量元素使用不足或一定程度过量对草莓所造成的伤害。因为土壤中含有大量营养元素以及一些微生物，在生产过程中利用土壤的以上优点，可以有效地改善微量元素供给存在的问题。

（6）降低成本　使用半基质栽培技术较常规的基质栽培模式，减少了基质的使用量，可以将原有土壤作为栽培槽用土回填。同时由于该种栽培技术增强了保水保肥能力，进一步减少了农民对水肥的投入，降低了栽培成本。

（7）减少环境污染　半基质栽培技术，上面采用基质，下面成三角形堆砌土壤，为草莓浇水施肥后，土壤可以保留更多的营养不被向下冲淋，保证了草莓生长吸收，同时也有效地减少了土壤中过多的肥料渗入地下，减少了对环境的污染。

（8）减少劳动量　由于采用石膏板材，栽培槽可以反复使用 5 年以上，避免每年重新作畦，极大地减轻了劳动强度。

（9）外形美观　传统的土壤栽培在生产上因浇水易导致草莓畦塌陷变形，影响生产，同时也不美观。而采用石膏板材，笔直的板材将土和栽培基质固定在板内，不会出现塌陷的情况，美观实用。

（10）节水节肥　采用半基质栽培，浇水时栽培畦面平整松软，水很容易下渗，不外流，多余的水肥会保留在中间的土壤中，等草莓基质中水肥不足时，通过渗透原理，水肥会从土壤中回到栽培基质中，避免浪费。采用完全基质栽培草莓，水肥会很快下渗流失，造成水肥浪费。

三、 日常管理

（一） 日常栽培管理

在日光温室促成栽培中，采用半基质栽培技术，相较于传统土栽，缓苗速度快，畸形果率低，产量高。半基质栽培植株生长旺盛，在种苗选择上建议选择裸根苗，避免使用基质苗，防止徒长现象严重。

虽然半基质栽培，上半部分为基质，容易缺水，但是由于下半部分是土壤，保水性好，浇水频率相较于高架基质栽培可以适当减少，一般为 3～5d 浇水一次，每亩浇水量为 0.5～0.8t。每隔 10d 随水追施肥料 1 次，每亩施用量为 1～1.5kg。其他生产管理措施与土壤栽培草莓基本一致。

半基质栽培模式栽培草莓，如果栽培槽内基质填充不足，后期易发生折茎现象。折茎生长出来的草莓硬度偏软，糖度相对降低 0.5%～2.4%，且果实颜色暗红，没有光泽，严重影响草莓口感和品质。折茎后，减小了草莓对养分的吸收“渠道”，使养分不能充分保证草莓的正常生长。在生产上可以通过以下措施防止折茎。

(1) 填装足量基质　定植前多填装基质，即使在基质冲洗后也要保证基质上有一定凸起的弧度，这样可以将草莓果实向下的力分解一部分，减小草莓枝条的受力臂。

(2) 定植不要太靠外　定植时，尽量不要太靠外，植株与栽培槽边缘保持一定的距离。定植时，植株根部弯曲部位斜向前，与半基质栽培槽边缘呈 45°，这样可以减小枝条受力强度。

(3) 增加硅酸钙板边缘弧度　利用旧的滴灌带或者旧的 PVC 管，将其破一条口，套在硅酸钙板的边缘，增加两侧板材边缘弧度，减轻果茎的压力（图 5-21，见彩图）。也可在苗的下方垫上玉米秸秆，既可以支撑果柄，又不影响透水透气性。

(4) 折茎处理　可以用育苗时用的塑料卡子，尽可能地将枝条别到基质上面，将折了部位的茎拉直，以保证养分的运输。

半基质栽培模式下，植株生长良好，到了生产后期草莓叶片大量生长，植株过密的要及时除掉老叶、病叶和过密的重叠叶片，为草莓植株创造通风透光的环境，以利其生长，同时避免了发生蚜虫等危害时叶片过密不好防治。疏除后要求叶片基本不重叠，密度以从上向下能看到地膜为准。

（二）半基质栽培消毒

(1) 去掉上年度草莓根　用剪子贴着草莓心茎，将地上部剪掉，不要剪得过低，避免过几天拔草莓主根时不好拔，也不要剪得过高，避免草莓还继续生长。

(2) 覆膜浇大水　覆膜保持棚温 40℃以上封棚 10d 左右（图 5-22，见彩图），之后拔除基质中的大根即可。小须根均会腐烂，如此能有效减少劳力，节省成本。

(3) 基质消毒　将箱子中的基质翻倒到垄间，用广谱性杀菌剂搅拌后，用大水冲洗。一方面消毒基质，减少病虫害发生；另一方面清洗基质中过多的养分，避免造成基质盐分过高。

(4) 土壤消毒　将栽培槽内土壤翻倒，阳光暴晒 3d。由于草莓根系生长在基质中，因此半基质栽培模式中对土壤消毒不严格。

（5）基质回填　注意基质的用量，由于发酵、消毒等原因基质会消耗一部分，因此基质回填时要根据基质现有的量加以补充；注意基质颗粒大小，基质在使用过程中易造成颗粒磨损，导致基质过细，因此基质回填过程中要根据基质磨损情况，适当加入草炭或珍珠岩，以增加基质的透气性。

消毒完成后，在进行基质的回填时不要向半基质槽内添加化肥，可以加入少量有机肥，一方面因为化肥会在定植浇水时淋溶，形成浪费；另一方面，如果淋溶不充分的话，过多的肥料会影响草莓种苗根系的生长，不利于缓苗。

不同栽培年限基质消毒方法：

（1）栽培年限为1年的，在基质表面均匀撒硫黄粉、五福或根泰，不浇水，用白色地膜盖严。靠水蒸气凝结到薄膜上的水，使药剂均匀下渗。覆盖到定植前15～20d，去掉白色地膜，翻倒基质，避免基质过实。

（2）栽培年限为2年的，把基质铲出来，推到前棚脚，用水淋洗基质。然后在表面均匀撒硫黄粉、五福或根泰，再用白色地膜覆盖15～20d，去掉白色地膜，然后将基质回填，基质不够的要补充。基质槽下的土壤不用动，给回填后的基质浇水要用喷头，不要用滴灌，干燥的基质用滴灌无法完全渗透，用喷头浇透后再改用滴灌浇水。

（3）栽培年限3年以上的，把基质清出来堆放在前棚脚，用高锰酸钾溶液喷淋基质，然后用白色地膜覆盖5～6d后回填。里边的土壤在清出基质后用五福或根泰混合均匀后浇水，用白色地膜覆盖进行高温消毒。

第六章 草莓常见病虫害

在草莓栽培过程中对病虫害的防治是十分重要的工作。就经济角度而言，合理的植保措施能培育壮苗，在经济阈值允许的范围内确保草莓产量及品质，避免病虫害大规模发生，造成严重的经济损失；就成本角度而言，有效的病虫害管理措施能减少药剂投入，节约劳动力，降低草莓成本投入；就生态角度而言，精确、准确的病虫害处理方式，能减少药剂施用量、避免农药残留，提升草莓质量安全；同时能降低或避免农药对土壤、水源的污染，为草莓产业可持续发展奠定了基础。

根据发生原因不同，一般草莓病虫害可以分为以下三类。

（1）非侵染性病害　又称生理性病害，是由不良环境条件引起的。一般引发非侵染性病害的因素有光照、温湿度、水分、有害气体、肥料等。病害没有传染性，没有明显的发病中心，且发病面积较大。

（2）侵染性病害　又称传染性病害，主要是由病原物造成的，一般引发侵染性病害的因素有细菌、真菌、病毒、线虫、寄生性种子植物等。病害有不同程度的侵染性，有明显的发病中心，随为害程度增加，发病面积沿发病中心向外逐步扩大。

（3）虫害　指有害昆虫对植物生长造成的伤害。虫害有传染性，有明显的一个或几个发病中心，且传染速度快。

第一节　生理性病害

草莓栽培过程中，常见的生理性病害主要有缺铁症、缺钙症、缺硼症、缺锌症等。

一、缺铁症

铁是草莓生长过程中极为重要的一种矿质元素，需求量低，但作用明显。铁元素能参与叶绿素分子的合成，影响光合作用；能参与某些呼吸酶的活化，影响呼吸作用；能参与植物体内氧化还原，起电子传递作用；还能影响草莓的产量及品质，就产量而言，铁元素对单果重有明显的影响；就品质而言，对果实色泽、糖度、维生素 C 含量等方面均有不同程度的影响，能改善草莓果品品质。

（一）症状识别

铁元素属于不可再利用元素，即元素分配后会立刻被固定，因此缺铁症最先表现在幼嫩的叶片。

缺铁症以叶片表现最为明显，严重时会危害整个植株。叶片发病症状，初期幼叶失绿，叶片黄化呈斑驳状；中期叶片仅叶脉为绿色，随着危害程度增加，叶片从叶尖向下、从叶缘向内变褐干枯，严重时新生小叶白化，叶片出现坏死斑，最后导致叶片死亡（图 6-1～图 6-4，见彩图）。

（二）发病原因

草莓植株中铁元素的吸收主要是通过根系与土壤中的离子交换，因此根系生长状况、活性及土壤状况均能影响其吸收和利用。导致缺铁症主要有以下四方面因素：土壤中铁元素匮乏，导致元素吸收率低；土壤中铁元素被石灰质等碱性物质固定，难以吸收利用；土壤水分过多或过少，影响根系活力，降低根系吸收能力；低温导致叶片蒸腾作用减弱，从而降低根系活力，影响元素吸收。

（三）防治措施

缺铁症的防治主要有以下措施：

① 测基质施肥，明确基质中铁元素含量，根据其测基质结果设定施肥方案。一般铁元素含量低于 5mg/kg 时，每亩补充硫酸亚铁 3～5kg，从根本上解决铁元素的缺乏；同时增施有机肥，改善土壤理化性质，促进土壤中铁元素的吸收。

② 合理控制磷肥施用，磷元素能抑制铁元素的吸收。

③ 调节土壤酸碱度。土壤 pH 值过高，铁元素易被固定，降低其吸收利用率，易导致缺铁症。一般可用磷酸、柠檬酸、硫酸亚铁调整土壤 pH 值。

④ 合理灌溉，避免水分过多或过少，改善根系吸收环境。

⑤ 加强中耕，促进新根生长，提升草莓根系活力，从而促进铁元素吸收。

⑥ 严重缺铁时，可通过叶面追施铁肥缓解缺素症状，一般可追施 0.2%的硫酸亚铁或有机螯合铁溶液 2～3 次。注意：在草莓栽培过程中，缺铁症主要发生在果期，一旦发现缺铁需及时补充铁肥。叶面追施铁肥时尽量选择在晴天上午，此时叶片气孔开合度大，有利于肥料吸收；避免中午施肥，以免蒸腾过快导致施肥浓度增加，产生肥害。

二、 缺钙症

钙是草莓生长过程中十分重要的中微量元素，对草莓生长发育各个阶段均有影响。钙元素能促进根系生长和根毛形成；能活化植物中多种酶，调节细胞代谢；能增强果实硬度，延长挂果期，增加耐储性；能促进果实内芳香物质生成，改善其口味。

（一） 症状识别

缺钙症能危害草莓根系、芽、叶片、花器及果实。根系缺钙表现为：根短粗、色暗，根尖生长受阻，叶片缺钙最先在新叶中表现出来，典型症状是叶焦病。初期新叶叶尖失水皱缩，老叶叶缘黄化、从叶尖开始皱缩（图 6-5，见彩图）；中期叶片由叶尖向下变褐干枯，叶面皱缩，干枯部位与正常叶片交界有淡绿色或黄色的明显界限（图 6-6，见彩图）；后期叶片全部皱缩，不能展开。芽缺钙表现为：新芽顶端干枯呈黑褐色。

缺钙症主要发生在花期及膨果期。花期缺钙表现为：花萼失水焦枯，花蕾、花瓣变褐（图 6-7～图 6-9，见彩图）。膨果期缺钙表现为：幼果不膨大，变褐干枯，严重时形成僵果。果期缺钙需及时补充钙剂，否则会影响草莓果实品质，导致果小、籽多、顶部烧焦、果实发软、耐储性差等，从而影响草莓商品性（图 6-10，见彩图）。

（二） 发病原因

草莓植株吸收的钙元素主要来自土壤中碳酸盐与磷酸盐，因此根系活力、土壤环境等因素均能影响其吸收。导致缺钙症主要有以下几方面因素：钙元素易被酸性土壤固定，导致难以吸收利用；砂质土壤中钙元素易被淋溶，导致元素缺乏；土壤溶液浓度高或土壤干燥时也能影响钙元素吸收；温度过低或过高，导致叶片气孔关闭，降低根系蒸腾拉力，从而减少元素吸收；钙元素易与氮、钾元素产生拮抗作用，过量施入氮、钾肥能抑制其吸收；大水漫灌、管理不当等农艺措施能加重缺钙症的发生。

（三）防治措施

缺钙症的防治主要有以下措施：

① 改善土壤状况，增施腐殖质含量高的有机肥，改善根系吸收环境。

② 在草莓栽培的整地施肥过程中每亩加入过磷酸钙 20～40kg。

③ 均衡施肥，避免过量施用氮、钾肥，适当保持土壤含水量。

④ 严重缺钙时，可叶面追施 0.1%～0.2%硝酸钙或糖醇钙。

三、缺硼症

硼作为一种重要的微量元素，在草莓栽培过程中作用显著。硼元素能影响细胞分裂、分化、成熟，特别是能影响生殖器官的发育，其能刺激花粉萌发、促进其正常生长、发育；能促进碳水化合物运输，使养分向花器及果实传递，提升授粉、受精及结实率，改善果实品质；能参与生长素类激素的代谢，影响草莓生长、发育及衰老；对光合作用也有一定的影响。

（一）症状识别

缺硼症能危害草莓叶片、花器及果实。硼元素属于不可再利用元素，缺素最先表现在新叶上。叶片缺硼表现为：初期新叶叶缘黄化，生长点受损，导致叶片皱缩、焦枯；中期老叶叶脉失绿黄化，严重时整个叶片上卷，难以展开。

硼元素对花器的危害十分严重，具体表现为：花小，花而不实，品质下降，不能正常发育、授粉、受精（图 6-11，见彩图）。缺硼症对果实的危害表现为：果实畸形，果小，种子多，果皮龟裂、木栓化，果品品质差、丧失商品价值。

（二）发病原因

草莓植株中硼元素主要是通过根系在土壤中吸收获得，因此根系活力、土壤状况等因素均能影响其吸收利用。导致缺硼症主要有以下几方面因素：土壤贫瘠、有机肥施入过少，导致土壤本身硼元素含量低；土壤酸化，微量元素淋失严重，导致硼元素大量流失；氮肥施用过多抑制硼元素吸收；土壤过湿或过干、土温不适宜，降低草莓根系活力，影响元素吸收；硼元素在植物体内移动性较差，当草莓快速生长时，也会造成局部缺硼。

（三）防治措施

缺硼症的防治主要有以下措施：

① 增施有机肥料，改善土壤状况，提升根系活力，促进硼元素吸收。

② 合理浇水，提高土壤可溶性硼含量，促进草莓根系吸收。

③ 缺硼严重时，可叶面追施0.1%～0.2%硼砂溶液2～3次。为了提升硼砂吸收率，可适当增施0.1%的尿素溶液。追施硼肥时尽量选择在晴天上午，避免中午施肥，以免温度过高，叶片蒸腾过快，导致肥料浓度增高，产生肥害。

（四）注意事项

除了缺乏硼元素以外，能导致草莓落花落果的因素很多，正确判断产生原因，及时调整栽培措施，能有效提升草莓坐花率、坐果率。

（1）温度过低或过高　均能导致草莓花器缺陷，引起落花落果。在草莓栽培过程中，温度低于3℃时，花器中雌蕊、柱头就会发生冻害；温度高于40℃时会导致高温热害。改善措施：合理控制温度，骤然降温或升温时，及时做好农艺措施，以免因温差过大导致落花落果。

（2）植株徒长　草莓花期植株徒长能影响其养分供给，产生落花落果。改善措施：增施磷钾肥，控制氮肥用量。磷钾肥能促进花芽分化、开花结实，有利于保花保果；而氮肥主要是促进植株茎叶生长，过量施用能打破植株营养生长和生殖生长的平衡，导致花器养分不足，产生落花落果；适当降低温度，能抑制草莓植株生长，促进花芽分化，从而改善植株生长平衡，以实现保花保果的目的。

（3）合理控制湿度　土壤湿度过小，草莓植株易产生缺水，会促进离层产生，导致落花落果；若土壤湿度过大，能促进植株生长，易导致徒长现象。改善措施：合理控制水分，不同栽培模式其浇水频率、浇水量不同，一般高架基质栽培3d浇水一次，半基质栽培3～5d浇水一次。注意：浇水频率需根据天气状况及不同生长阶段适当调整。

空气湿度过高易产生高湿病害，同时棚膜滴水也能导致落花落果。改善措施：及时通风，调整温室内湿度。

四、 缺锌症

锌元素在草莓栽培过程中的作用显著，能参与光合作用、呼吸作用；能参与碳水化合物合成运转，参与部分酶的活化，参与生长素的形成；能影响植物繁殖器官的发育，对草莓花芽数、单果重及产量有显著影响；能提升草莓的抗寒性和耐盐性。

（一） 症状识别

缺锌症主要危害草莓叶片，俗称小叶病。叶片缺锌表现为：初期老叶基部变窄；中期窄叶部分伸长，新叶叶缘黄化，叶脉微红；后期新叶叶缘白化，形成细长小叶，老叶发红且叶缘有明显锯齿状。

（二） 发病原因

导致缺锌症的原因多种多样，主要是以下几方面因素：砂土、盐碱地以及被淋洗的酸性土壤，易导致缺锌症；土壤地下水位过高，易导致缺锌症；土壤中有机物和水分含量过少，易引起缺锌症；过量施肥，导致土壤中氮、磷元素含量过高，能抑制锌元素的吸收；铜、镍等元素不平衡导致。

（三） 防治措施

缺锌症的防治主要有以下措施：

① 改良土壤，增施有机肥，增加土壤透气性。

② 缺锌严重时，可叶面追施1‰～2‰硫酸锌溶液2～3次。

第二节 侵染性病害

一、 白粉病

在草莓栽培过程中白粉病是常见的真菌病害之一，整个生长季均可发生且危害严重，因此白粉病的有效防治十分重要。草莓以鲜食为主，因此果期防治白粉病，必须首先考虑食品安全问题。

（一）发病特点

草莓白粉病菌为专性寄生菌，其病菌在植株上能全年寄生，条件适宜时即可发病。

白粉病发生的适宜温度为15～25℃；分生孢子发生、侵染的适宜温度为20℃左右，一般低于5℃或高于35℃均不发病。空气相对湿度80%以上发病较重，干湿交替也易发生病害。

（二）症状识别

白粉病主要危害叶片、花器、果实、叶柄、果柄及匍匐茎。初期叶背面产生白色菌丝（图6-12，见彩图）；中期叶片向上卷曲呈汤匙状（图6-13，见彩图），白色菌丝形成白粉状微尘，叶片有蜡质层；后期叶片覆盖着白色霉层。

生殖生长阶段，白粉病主要危害草莓花器及果实。花器危害表现为：花瓣呈粉红色，花蕾不能开放，形成无效花。幼果危害表现为：果实不能正常膨大、停止发育，形成白色霉层，严重时幼果干枯、硬化，形成僵果（图6-14，见彩图）；成熟果实危害表现为：果实着色差、表面硬化、有大量白粉，失去商品价值，严重时果实腐烂（图6-15、图6-16，见彩图）。

（三）发病原因

导致白粉病发生的原因有很多，主要归结为以下方面：栽培密度过大，导致植株长势弱、抗性差；水分不合理，引起栽培基质高温干旱与高湿交替；氮肥施用过量，引起植株徒长，导致田间郁闭；选择抗病性较差的品种、温室结构不合理、管理粗放等。

（四）传播途径及侵染过程

日光温室草莓生产以促成式栽培为主，白粉病菌不经过越冬，能在草莓上全年寄生，当环境条件适宜时产生的分生孢子，即可成为初侵染源，从而引起白粉病的发生。

叶片侵染过程：病菌接触健康叶片24h后即可萌发；5d后，在侵染叶片上形成白色粉状状物；7d后，分生孢子成熟可进行二次侵染；10d后，病源快速感染，形成发病中心；若没有及时有效的防治措施，一般14d后白粉病会大规模流行。

（五）防治措施

白粉病共有4个高发期。第一个阶段：9月下旬～10月。缓苗后天气干燥，浇水量大，而10月扣棚后，棚内温度高、湿度大，有利于白粉病的发生。第二个阶段：12月下旬至次年1月下旬，草莓果实膨大期。北方冬季日照时间短、光照弱、温度低，而此时草莓果实膨大，需水量的增加导致棚内湿度上升，且果实吸收养分较多，植株长势弱，易发生白粉病。第三个阶段：2月下旬至3月初，草莓换茬期。由于头茬果养分消耗过大，此时植株抗性下降，易感染白粉病。第四个阶段：3月中旬至5月，草莓团棵期。此时光照强、温度高，且植株蒸腾作用大，导致棚内湿度大，是白粉病的高发期。

白粉病防治应以预防为主，综合防治，通过各种措施的配合，减少其发生。

1. 农业防治

① 选择抗性强、健壮、无菌的草莓种苗，能从源头上遏制病害发生。

② 合理肥水管理，控制氮肥施入，增施磷肥、钾肥，培育壮苗。

③ 合理密植，保持田间良好的通风透光性。

④ 加强农艺管理，及时清除病残体。

病残体是白粉病二次侵染的源头，及时摘除病残体时需谨慎，具体操作如下：a. 摘除病残体时要轻摘轻放，避免其飞溅，加速病害传播；b. 必须带到室外集中销毁，以免二次侵染；c. 农艺操作时控制风口，降低空气流通，减缓病害扩展。

2. 物理防治

① 通过铺设地膜、调节风口等管理措施，改善棚室内温度、湿度，创造不利于病原菌侵染的田间环境。

② 针对白粉病菌与草莓植株耐高温能力不同，利用温度差高温闷棚杀菌。

高温闷棚是一项有效的生态农业防治技术，具体措施如下：a. 闷棚前摘除成熟果实，以免高温导致果实变软、腐烂；b. 闷棚早上需浇水，以免种苗在闷棚期间失水萎蔫或死亡；c. 浇水后通风散湿10min，之后闭棚升温。温度升到38℃时，调节风口控温，一般高温时间控制在2h左右，温度维持在35～38℃，之后逐渐降温；病害有效控制要通过3～4d间歇性高温实现。

注意：闷棚温度不能超过40℃。若温度过高，虽然防治效果更佳，但超过病害对草莓的危害，就失去了防治的意义。

3. 微生物菌剂防治

微生物菌剂作为新型防治药剂，具有无药害、无残留等优势，其防治原理是菌剂喷施到叶片后，活性芽孢吸收叶片表面养分、水分，迅速繁殖，并分泌杀灭病菌的活性物质，以达到抑制和杀灭病菌的目的。同时微生物菌剂能在叶片表面形成一层保护膜，阻止病原菌进一步侵染。常见微生物菌剂有枯草芽孢杆菌，可叶片喷施 1000 亿孢子/g 800～1200 倍液，7 d 左右防治一次，使用 2～3 次。

4. 化学防治

（1）烟剂　花期和果期是白粉病防治的敏感时期，使用烟剂熏蒸，能减少药剂接触，提升食品安全性。烟剂防治的优势：①烟剂不直接接触草莓，其危害性更小；②其扩散性好，分布均匀，能实现整个温室消毒、杀菌；③能降低湿度，创造不利于病害发生的田间环境；④使用方便，不受极端天气的影响，节省劳动力；⑤具有预防和治疗的双重效果。

使用烟剂注意事项：①烟剂不能和杀菌剂、杀虫剂混用，以免产生有毒、有害气体；②避免蜜蜂受害，熏蒸前将蜂箱搬出温室；熏蒸杀菌剂 1d 后蜜蜂可搬回，杀虫剂 7d 后蜜蜂才能搬回；③确保防治效果，风口密封；确保人员安全，烟剂需从里向外摆放；④烟剂摆放要避开作物和易燃品；⑤烟剂一般傍晚使用，温度＜12℃，提升药剂附着的同时避免产生药害；⑥烟剂使用 8～12h 后通风换气，不能长时间密闭；⑦为确保食品安全，熏蒸以后 3d 内不采摘果实。

常用的熏蒸烟剂有硫黄、45％百菌清烟剂。硫黄熏蒸具体措施：每亩悬挂 8～10 个硫黄罐，罐体离地面 1.5m 高，硫黄粉 20g 左右，晚上放下棉被、密闭棚室后开始熏蒸，一般晚 7 点～11 点，隔天一次，连续熏蒸 10 次。注意：通电前要检查硫黄粉用量，以免干烧发生意外。百菌清烟剂每亩使用 8～10 枚，每 7～10d 使用 1 次，连用 3～4 次。

（2）药剂　白粉病已经发生，可用 12.5％四氟醚唑水乳剂 2200～2800 倍液，10d 防治 1 次，连续使用 2～3 次；25％乙嘧酚悬浮液 630～920 倍液，7～10d 防治 1 次，连续使用 2～3 次；寡雄腐霉可湿性粉剂 100 万孢子/g 7000～8000 倍液。

药剂防治注意事项：打药器械要选择质量较好、雾滴细且均匀的，避免产生药害。喷施药剂时要遵循“一着、二掏、三扫”的原则：一着，即叶片表面需全部着药；二掏，即喷雾器要伸进叶片内部，使叶背面充分着药；三扫，即叶片边缘充分着药。

二、灰霉病

灰霉病是草莓栽培过程中危害严重的病害，一般发生在生殖生长阶段，常造成花器及果实的腐烂，对草莓产量及品质影响巨大。

（一）症状识别

灰霉病主要危害叶片、花器、果实，同时也能侵染叶柄、果柄。

叶片危害表现为：初期老叶形成V字形黄褐色病斑，中期病斑变褐干枯，严重时叶片焦枯死亡（图6-17，见彩图）。

花器危害表现为：萼片基部及花托有红色斑块（图6-18，见彩图），花不能正常展开，形成无效花；花瓣粉色或暗褐色，花药呈水浸状，严重时花器变褐干枯，产生浓密灰色霉层。

果实危害表现为：首先柱头被侵染，影响果实生长发育，形成畸形果。幼果侵染是从果柄扩展到果面，幼果变褐干枯，形成僵果（图6-19，见彩图）；成熟果实危害表现为：初期果实呈水渍状；中期果实腐烂；后期腐烂加重，表面产生浓密灰色霉层（图6-20，见彩图）。

叶柄、果柄危害表现为：初期侵染部位局部变红，中期叶柄、果柄上出现浅褐色坏死干缩，产生稀疏灰霉；严重时叶柄、果柄枯死（图6-21，见彩图）。

（二）发病特点

灰霉病是典型的低温高湿病害，其病原菌适应性强，温度0～35℃、相对湿度80%以上均可发病；主要以菌丝、菌核在病残体上或土壤中越冬，其耐低温能力强，翌年温度7～20℃时可产生大量分生孢子，进行再侵染；温度20～25℃、湿度持续90%以上时易出现灰霉病发病高峰。

（三）发病原因

引起灰霉病的因素主要有：高湿，一般相对湿度在90%以上或植株表面有水时易发病，且湿度越大病害越严重；幼苗徒长或栽植密度过大，导致田间郁闭、植株长势弱易引起病害；排水不善、产生积水以及粗放性管理，加重病害扩散。

（四）传播途径及侵染过程

灰霉病主要传播途径为：分生孢子通过气流或雨水传播；病叶、病果接触传播。

草莓植株不同器官灰霉病侵染过程不同。茎、叶器官病原菌侵染主要是从基部叶柄、老叶边缘或肥害伤口侵入，因此农艺操作时要注意，尽量少制造伤口。花器病原菌侵染主要是从残留花瓣或未脱落的柱头侵入，从而影响果实成长与分化。果实病原菌侵染主要是从果面侵入；幼果期果柄发红、侵染萼片出现红色斑块并向果面发展，危害严重时萼片枯黄，果实从萼片处开始逐渐腐烂。

（五）防治措施

灰霉病危害严重，一旦发生，经济损失巨大，因此其病害预防工作十分重要。一般灰霉病宜采取综合措施来防治。

1. 农业防治

选择欧系等抗性强的品种是有效的预防方法；棚室、基质消毒，能降低病原菌数量，降低侵染风险；栽培过程中加强农艺管理，以达到培育壮苗的目的；采用节水滴灌设施，降低温室湿度，也能降低灰霉病发病率；合理施肥，适当增加磷肥、钾肥，以提高植株抗性。

2. 物理防治

通过风口开闭，调整棚内温度、湿度。冬季草莓栽培白天温度控制在26～28℃，夜间6～8℃为宜，空气相对湿度控制在30%～50%，创造不利于病害发生的田间小环境，从而起到预防病害的目的。

3. 生物药剂防治

灰霉病发生初期可选用低毒的生物源药剂防治，如99%矿物油200倍液与微生物杀菌剂10亿孢子/g 600倍液的混合液喷雾。

4. 化学药剂防治

（1）烟剂　常用的熏蒸烟剂为：45%百菌清或10%腐霉利烟剂熏蒸，每亩用8～10枚。

（2）药剂　可选用50%腐霉利可湿性粉剂600～800倍液喷雾，或50%啶酰菌胺水分散粒剂1300～2000倍液，或25%嘧霉胺悬浮剂1200～900倍液喷雾防治，7～10d防治一次，连续使用3次。注意：对于发病中心，除了整棚防治以外，还需重点喷雾防治，以免病害大规模流行。

三、炭疽病

在草莓育苗阶段炭疽病是影响严重的病害，能降低种苗质量，严重时能造成育苗地绝产。炭疽病在日光温室草莓栽培过程中发病较少，主要是通过种苗携带炭疽病菌，降低定植后种苗缓苗率，从而造成草莓生产中死苗。

（一）症状识别

炭疽病主要危害叶片、叶柄、匍匐茎，个别危害花器、果实；育苗阶段以危害叶片及匍匐茎为主（图 6-22，见彩图）。炭疽病发病症状可分为局部病斑型和整株萎蔫型两种。

（1）局部病斑型危害表现

①叶片发病初期有紫色斑点；中期病斑扩大，增多、连成片；严重时叶片变褐干枯、死亡。注意：当湿度大时，叶片上可能产生污斑状病斑。②匍匐茎及叶柄发病初期局部产生黑色纺锤形或椭圆形溃疡病斑，并向下凹陷；中期病斑扩大呈环形圈；严重时圆环形病斑干枯，阻断养分、水分运输，病斑以上部分萎蔫枯死。注意：湿度大时病斑可能产生粉色霉菌或产生污斑状病斑。③果实发病初期表面产生近圆形病斑；中期病斑由淡褐色转至暗褐色；严重时病部软腐状、凹陷，果实失去商品价值。

（2）整株萎蔫型危害表现　发病初期在白天温度较高时部分幼叶萎蔫下垂，傍晚温度降低时又自动恢复，几天后枯死。无病新叶保持绿色不畸形，枯死植株茎部由外到内逐渐变成褐色，只有维管束不变色。

（二）发病特点

炭疽病是典型的高温高湿病害，侵染最适温度为 28～32℃，相对湿度 90%以上。连续阴雨天后骤晴，病害易大规模发生。炭疽病繁殖及侵染对温度要求很低，一般气温 15℃以上时，高湿环境下就能产生分生孢子，气温 19℃时，孢子即可萌发。炭疽病易在 7～8 月份的高温季节发病且危害严重。

（三）发病原因

造成炭疽病发生的主要因素有：连作、基质消毒不彻底等易导致病原菌积累过多，引起病害发生；氮肥施用过量或种植密度过大，导致田间郁闭，影响种苗通风透光性，引起病害发生并加重其侵染；老残叶过多，增加病叶之间侵染风险；连续阴雨天后暴晴易发生病害。

（四）传播途径

炭疽病主要传播途径为：带菌组织器官之间的传播；分生孢子借助气流或雨水传播。

（五）防治措施

炭疽病有两个发病高峰。第一个发病高峰为5月下旬后，此时进入炭疽病病原菌生长的最适温度；同时由于温度高、光照强，育苗田多采用浇水降温，增加田间湿度，也为病害发生创造了条件。第二个发病高峰为7～8月，产生原因：①夏季温度高且雨水充沛，暴雨后田间易产生积水，草莓根系喜湿不耐涝，积水易导致根系缺氧，能降低根系活力。②雨后暴晴，叶片蒸腾作用强烈，而根系活力不足，很难满足种苗对水分的需求，易导致植株缺水、抗性下降。③雨水滴溅，使基质中的病原菌增加接触机会，从而增加侵染风险。④此时子苗数量多，长势旺，影响田间通风透光，也是造成病害发生的重要因素。

炭疽病的防治主要有以下措施：

（1）农业防治　基质消毒能避免苗圃多年连作障碍；合理密植，确保田间通风、透光，以免草莓种苗郁闭；合理施肥，控制氮肥施入，增施磷肥、钾肥和有机肥以培育壮苗，从而提升种苗抗性；使用遮阳材料等防晒措施，及时降温；合理灌溉，改善田间环境，减缓或控制病害发生；加强农艺操作，及时清除病残体，减少病原菌种群数量。

（2）物理防治　避雨是草莓育苗阶段减轻炭疽病发生的重要手段，同时避雨育苗还能降低湿度，改善育苗田环境，减缓炭疽病侵染；同时要注意加大通风，降低棚内温度及湿度。

（3）化学防治　化学药剂防治可选用40%多福溴菌腈可湿性粉剂400～600倍液喷雾，或45%咪鲜胺水乳剂900～1800倍液喷雾，7d防治一次，整个生育期使用3次。

四、草莓病毒病

草莓病毒病危害范围广，多以联合侵染危害为主，北方地区主要是草莓皱缩病毒病和草莓轻型黄边病毒病联合危害。

（一）症状识别

草莓皱缩病毒病主要危害叶片、匍匐茎、花器及果实。

叶片危害表现为：初期叶脉褪绿，周围产生不规则褪绿斑；中期叶脉呈透明状，褪绿斑转变为坏死斑，叶片变小、黄化，叶柄变短；严重时叶片扭曲、皱缩、畸形，很难展开，植株整体矮化。匍匐茎危害表现为：数量减少、繁殖能力下降。果实危害表现为：果实变小，品质下降。

草莓轻型黄边病毒很少单独侵染，若单独侵染时草莓植株轻微矮化、无明显症状。与其他病毒联合侵染后，叶片危害表现为：发病初期叶缘失绿、叶片黄化、凹陷；中期叶缘上卷或叶片皱缩扭曲。严重时植株矮化且长势严重减弱，果实产量和质量严重下降。

（二）发病原因

引发草莓皱缩病毒病的因素很多，主要有以下因素：草莓植株带毒并通过蚜虫传毒；多年连续栽培导致品种退化；高温、干旱的环境能加重病毒病的发生。

（三）传播途径

草莓病毒病主要传播途径为：①蚜虫、线虫为病毒病主要传播媒体；②由带毒母苗繁育也是在草莓生产上病毒病大面积发生的重要原因。

（四）症状识别

草莓病毒病的防治主要有以下措施：

1. 农业防治

栽培无病毒种苗是防治草莓病毒病最有效的方式，一旦发现带病植株，应及时拔除并带出温室焚烧处理，以免病毒病在田间进一步传播。

2. 物理防治

及时通风透光，改善田间环境；使用遮阳设施，合理灌溉，避免出现高温、干旱，能减缓病害发生及侵染。控制蚜虫及线虫种群数量，从而减少病毒病的发生。

3. 化学防治

可选用8%宁南霉素水剂900～1400倍液喷雾；或5%氨基寡糖素水剂1200～1700倍液喷雾防治，7～10d施用1次，连续使用2～3次。

五、红中柱根腐病

（一）症状识别

红中柱根腐病发病可分为急性萎蔫型和慢性萎蔫型。

（1）急性萎蔫型　叶尖突然萎蔫，之后呈青枯状，引起全株迅速枯死。

（2）慢性萎蔫型　新茎危害表现为：初期新茎韧皮部产生红褐色或黑褐色

小斑点，中期病斑扩大，严重时形成黑褐色环形病斑，阻断病斑以上部分养分、水分的运输，导致植株干枯死亡（图 6-23，见彩图）。叶片危害表现为：初期中午温度高时叶尖萎蔫、叶缘微卷；中期叶片颜色呈深绿色，且萎蔫提早、时间延长，严重时叶片呈萎蔫后不恢复，植株干枯死亡。

（二）防治措施

红中柱根腐病涉及致病微生物较多，单一措施防治效果不佳，针对其发病特点，红中柱根腐病最好防治方法是：预防为主，综合治理。

1. 红中柱根腐病预防

（1）品种选择　红颜草莓以其浓郁的口感和靓丽的外观受到广大消费者的喜爱，因其较高的产量和收益，种植面积逐年扩大，但该品种抗病性较弱，为后期草莓栽培埋下隐患。因此，综合口感、颜色、外观以及抗病性等因素，推荐选用圣诞红、京藏香、京御香、京桃香等品种。

（2）育苗环节　育苗过程中要特别关注草莓根腐病的预防，一般植株整理时尽量选择在晴天上午，以少制造伤口为宜。露地育苗过程中，在大雨过后需喷施药剂预防，以阿米西达、恶霉灵、百菌清等药剂为主，交替使用，以免产生抗药性。

（3）起苗环节　草莓种苗出圃前两三天，喷施阿米西达对苗圃预防，一般选择在傍晚温度低时进行。起苗前苗圃浇水，能改善基质状况，有利于起苗时保持草莓根系完整；起苗时尽量多保留草莓须根，有利于子苗定植后缓苗。起好的草莓苗分级后放在流动的水中散热，以便种苗运输过程中反热。

（4）运输环节　运输环节避免种苗失水、反热，一般可以在苗箱里加一到两个冰袋或冻成冰的瓶装矿泉水，但需注意，不能让种苗直接与冰袋接触，以免冻伤种苗。

（5）种苗存放环节　种苗在存放时要背风避光，地面洒水，做好根系保温。

（6）种植整理环节　定植前草莓种苗必须经过人工整理，主要将种苗进行分级、修剪，在整理过程中以少制造伤口为宜。

（7）种植环节　种植时注意基质含水量，不要干旱缺水，也不能大水漫灌，水淹后的草莓种苗易产生红中柱根腐病。

（8）植保环节　种植前用保护性药剂进行防护，缓苗后及时植保。

2. 红中柱根腐病防治

不同类型的红中柱根腐病发病高峰不同。①急性萎蔫型有两个发病高峰。

第一个高峰是6～7月较强且持续降雨后；第二个高峰是10月草莓覆盖地膜后。②慢性萎蔫型有两个发病高峰。第一个高峰是11月开花结果初期；第二个高峰是次年2月底换茬期。

针对草莓不同生长发育阶段、病害的不同类型以及危害程度，红中柱根腐病的防治措施也不同，具体内容如下：

① 定植前种苗消毒，一般可选用50%多菌灵400倍液浸泡种苗5～10min。

② 对于生长期发病的植株，可选用25%阿米西达3000倍液、70%代森锰锌500倍液交替喷施，或选用1200～1500倍液恶霉灵、1500～2000倍液甲霜恶霉灵灌根，7～10 d防治1次，整个生育期使用3次。

③ 对于危害严重的温室，可选用50%甲霜灵可湿性粉剂1000～1500倍液喷施或58%甲霜灵锰锌灌根。注意对于红中柱根腐病危害严重的植株可立即拔除，之后用30%杀毒矾500倍液给病穴消毒，避免得病植株及病基质二次侵染。

第三节　草莓栽培常见虫害

一、 红蜘蛛

红蜘蛛对温度要求不严格，一般10℃以上开始活动，16℃时开始产卵，其孵化速度快、数量大，能造成世代交替为害；同时其扩散速度快，能借助风力及人员活动传播，易大规模流行。红蜘蛛主要以刺吸汁液、吐丝、结网、产卵等方式对草莓产生危害。

（一） 症状识别

红蜘蛛主要危害草莓叶片、花器、果实，影响植株整体长势。叶片危害表现为：初期叶背面出现黄白色或灰白色小点（图6-24，见彩图），中期叶片失绿黄化，后叶片转变为苍灰色，严重时叶片上覆盖白色网状物，叶片焦枯脱落。花器危害表现为：初期花萼失绿，干枯，中期花器变褐干枯，严重时整个花器有白色网层（图6-25，见彩图）。果实危害表现为：幼果不膨大、形成僵果；成熟果实表面有白色网状物，畸形果率增加，失去商品价值（图 6-26，见彩图）。植株整体长势危害表现为：植株矮化，生长缓慢，严重时植株早衰、死亡（图 6-27，见彩图）。

（二）发病原因

高温、干旱是导致红蜘蛛发生的主要环境因素。

（三）防治措施

红蜘蛛对环境需求低，繁殖能力强，一年能孵化 12 代，能世代交替危害，易产生抗药性，因此，红蜘蛛防治应以多种措施综合防治为主。

1. 农业防治

选择抗病性强、优质、健壮的种苗，能从根本上减缓虫害的发生；根据红蜘蛛侵染途径，采取隔离措施，控制棚室人员进出、实现操作工具专棚专用，能有效减免虫害传播；加强水肥管理，培育壮苗，以提升植株抗性；加强田间管理，及时清理害虫，改善种苗生长环境，促进通风透光。

2. 生物防治

红蜘蛛发生初期，可利用捕食螨等天敌控制虫害数量，为保障防治效果，在释放捕食螨前尽量压低红蜘蛛种群数量。一般可选用 1%苦参碱•印楝素或 10%阿维菌素水分散粒剂进行防治，用药后 5～10d，可按照益害比 1∶10～30 释放天敌。为确保防治效果，捕食螨应在傍晚、多云、阴天天气释放。目前国内主要的捕食螨品种有智利小植绥螨、胡瓜新小绥螨和巴氏新小绥螨，其中智利小植绥螨是草莓红蜘蛛最有效的天敌，具有速效性强，仅捕食叶螨、不伤害草莓植株等优势。

北京地区建议草莓种植户在 10 月初或 10 月中旬第一次释放捕食螨，根据管理水平也可在 11 月中旬开花 1～2 周后释放；建议第二次释放在次年 1 月末～2月，以满足春节期间市场对草莓高品质的要求。注意：根据红蜘蛛实际发生情况，两次释放之间可增加一次，草莓种植季可总共释放 2～4 次。

捕食螨释放注意事项：①每行均匀撒播，其中叶螨发生较重的过道 1.5m 范围内，建议多撒施些。②第一次使用时，建议全棚撒施，之后再针对发病区域局部撒施。③为了提升防治效果，可人工将带有捕食螨的老叶转移到红蜘蛛多的区域。④使用捕食螨时，避免使用杀虫剂。⑤过量硫黄熏蒸能降低捕食螨的繁殖力，应合理调控硫黄熏蒸的时间和剂量。

3. 化学防治

红蜘蛛危害严重时可选择化学药剂防治，一般可选用 1.8%阿维菌素乳油

3000～6000 倍液，14d 防治一次，整个生育期使用 2 次；或总有效成分含量 10%的苯丁•哒螨灵乳油 1500～2000 倍液，20d 防治一次，整个生育期使用 2 次；或 43%联苯肼酯悬浮液 2000～3000 倍液喷雾防治，7d 左右防治一次，整个生育期使用 3 次。为保障草莓安全，避免农药残留，一般采收前 15d 停止喷药。

4. 其他防治

（1）辣椒水喷施防治红蜘蛛。

（2）烟草水喷施防治红蜘蛛　取烟叶 50g，按照 1∶30 的比例兑水，浸泡 12h 后取过滤液喷施。烟草水主要杀虫成分为烟碱。

（3）除虫菊水喷施防治红蜘蛛　取晒干除虫菊 50g 磨成粉，按照 1∶（200～400）的比例兑水，浸泡数小时后取过滤液，最后加少量中性洗衣粉搅匀喷施。除虫菊对害虫有强烈的触杀作用和微弱的胃毒作用；洗衣粉能增加除虫菊水的黏着性，提升防治效果。

（4）蓖麻水喷施防治红蜘蛛　取蓖麻种子 50g 捣碎，按照 1∶10 的比例兑水，浸泡 5h 后取过滤液、加少量中性洗衣粉，最后再兑水 4～6kg 搅匀喷施。

（5）葱姜蒜水喷施防治红蜘蛛　将葱的外皮捣碎后，按照 1∶10 的比例兑水，浸泡数小时后取过滤液喷施。将蒜、鲜姜捣烂提取浸出汁液，按照 1∶（20～25）的比例兑水、搅匀喷施。

（6）花椒水喷施防治红蜘蛛　取花椒 1 份，加 5～10 倍水熬成原液，之后取过滤液按照 1∶10 比例兑水喷施。

（7）对于危害严重的温室可清棚处理，及时清除老病残叶，为草莓植株剃头，降低温室中害虫种群数量，之后全室喷施杀虫剂以控制虫害，一般杀虫剂可选择 43%联苯肼酯悬浮液 2000～3000 倍液喷雾。

二、蓟马

蓟马生长最适温度 23～28℃，最适湿度 40%～70%，喜温暖、干旱的环境；雌性成虫主要进行孤雌生殖，每次产卵 22～35 粒，若温度适宜，6～7d 即可孵化，形成二次侵染；成虫能飞善跳，扩散速度快，增加了防治难度。蓟马主要通过刺吸汁液造成危害。

（一）症状识别

蓟马主要危害草莓叶片、花器及果实。叶片危害表现为：初期叶片变薄、褪绿、有黄色斑点，中期叶片卷曲皱缩，长势弱（图 6-28，见彩图）。花器危害表现为：初期萼片背面有褐色斑，褐色花瓣呈水锈状，影响花芽分化，导致果实畸形（图 6-29，见彩图）；严重时萼片从尖部向下褐变坏死，花器变褐干枯、死亡（图 6-30、图 6-31，见彩图）。果实危害表现为：果面粗糙，顶端呈水锈状，幼果期难以膨大，呈褐色僵果（图 6-32，见彩图）；成熟果实木栓化，导致商品价值丧失。

（二）发病原因

高温、干旱是蓟马发生的主要因素。

（三）防治措施

在草莓栽培过程中蓟马有两个高发期。第一个高发期为 11～12 月，此时草莓进入开花坐果期，为防止落花落果，日常管理上需减少浇水量，否则易形成高温、干旱小环境，促进蓟马的发生。第二个高发期为次年 3～5 月，此时温度升高，蒸腾量加大，种苗易缺水干旱；为了降低棚温，打开下风口后促进空气流通的同时，也促进了虫害的传播。

蓟马的防治主要有以下措施：

1. 农业防治

及时清除病残体，控制害虫种群数量；同时需加强肥水管理，提升草莓植株抵抗力。

2. 物理防治

利用蓟马趋蓝色习性，设置蓝板诱杀。

3. 化学防治

一般防治蓟马可选用 60%乙基多杀悬浮液 3000～6000 倍液，或 5%啶虫脒可湿性粉剂 2500 倍液喷雾防治，7d 左右防治一次，整个生育期使用 3 次。

化学药剂防治蓟马注意事项：①根据蓟马昼伏夜出的特性，一般下午用药防治效果更佳；②尽量选择持效期长的药剂，以提升药效；③使用黏着剂，增加药剂附着量，延长着药时长；④为避免产生抗药性，最好不同种类药剂轮换施用；⑤喷雾要集中在植株中下部以及地面等若虫栖息地。

三、菜青虫

菜青虫是菜粉蝶的幼虫，在北方是十字花科以及草莓上的重要害虫。菜青虫主要通过咬食叶片危害草莓，在防治过程中易产生抗药性，且共生寄主较多，因此防治十分困难。

（一）症状识别

菜青虫主要危害草莓叶片。叶片危害表现为：叶肉被啃食，叶片表面留下透明表皮或叶片表面有明显孔洞、缺刻，严重时整个叶片只残留粗叶脉和叶柄，能造成草莓绝产。

（二）发病原因

菜青虫大规模发生主要是首先因为温室周边广泛种植十字花科蔬菜；其次湿度高也为菜青虫孵化及幼虫生长提供了适宜的环境条件；第三菜青虫生长发育受温度影响。

（三）防治措施

在草莓育苗及栽培过程中，菜青虫有两个高发期。第一个高发期是5～6月，主要是1代幼虫为害，此时温湿度适宜，适合菜青虫生长，其数量庞大，易形成集中危害。第二个高发期是9～10月，主要是4～5代幼虫为害。9月后温湿度适宜菜青虫繁殖；同时寄主植物增多，有利于虫口数量增长；最重要的是此时菜青虫天敌减少。

对于菜青虫的防治主要有以下措施：

1. 农业防治

清洁棚内杂草，减少菜青虫繁殖场所，避免交互侵染；清除病残叶，控制虫口数量，降低种群密度；尽量少种植十字花科作物，以免共生寄主过多，难以防治。

2. 天敌防治

可用广赤眼蜂、微红绒茧蜂等天敌防治。在释放天敌之前，可用低毒的生物源农药降低虫口密度，一般可选用100亿孢子/g活芽孢青虫菌粉剂1000倍液喷雾。使用天敌期间，若需化学药剂防治配合，需注意药剂种类及毒性，以免危害天敌。

3. 化学防治

化学药剂防治菜青虫一般可选用0.3%苦参碱水剂600～750倍液喷施，安全间隔期为14d，整个生育期使用1次；0.3%印楝素乳油660～1000倍液喷施，7～10d防治1次，可连续使用3次；20%氰戊菊酯1500倍液＋5.7%甲维盐2000倍液，7d左右防治一次，整个生育期使用3次。

4. 其他防治

（1）烧杀灭虫　田间可撒施生石灰或草木灰等碱性物质，待菜青虫爬过能导致其失水死亡。

（2）喷杀灭虫　喷施弱碱性溶液到虫体上即可杀死害虫；一般弱碱性溶液可选用100倍液氨水、碳酸氢铵水或洗衣粉水。

（3）黄瓜藤滤液喷施灭虫　取黄瓜藤1.25kg捣烂，按照1∶0.4比例兑水，取过滤液后按照1∶6比例兑水喷施，药效可达90％以上。

（4）丝瓜滤液喷施灭虫　用丝瓜加少量清水捣烂、过滤，取原液，之后按照7∶13比例兑水混合，最后加少量肥皂液搅匀喷雾即可。

防治菜青虫的注意事项：

菜青虫是草莓定植后常见的一种虫害，其低龄幼虫密度小、危害弱、抗药性差，更易防治，正确判断虫龄有利于合理选择药剂、能提升防治效果。

判断虫龄的依据：①1～2龄幼虫仅啃食叶肉，叶片表面会留下一层透明表皮；3龄以上幼虫能蚕食叶片呈孔洞或缺刻。②1～2龄幼虫多在叶背为害；3龄后转至叶正面蚕食。③4～5龄幼虫危害最严重，其取食量占整个幼虫期取食量的97％。

四、蚜虫

蚜虫是草莓栽培过程中十分常见的害虫，因其对环境的适应性较强，分布广、体小、繁殖力强、种群数量巨大，因此能造成巨大危害。蚜虫能分泌大量蜜汁，故又称腻虫。

引起草莓危害的蚜虫种类繁多，以常见的桃蚜和棉蚜为主，其繁殖力强，能世代重叠，交替危害。蚜虫在保护地栽培中，1年可发生10～20多代，在25℃左右条件下，每7d左右完成1代，世代重叠现象严重，给防治造成一定困难。蚜虫除了其自身危害以外，还是传播病毒病的主要媒介，能导致病毒扩散，造成严重危害。

（一）症状识别

蚜虫主要危害叶片、叶柄、花器、匍匐茎等幼嫩的组织，其中以心叶、幼叶危害居多。叶片受害症状为：发病初期叶背面有黄色小斑点，后叶片出现褪绿色的斑点，随着蚜虫种群数量增多，其分泌大量蜜露污染叶片，能引发霉污病，从而影响光合作用，危害严重时导致心叶不能展开、成熟叶片卷缩变形（图6-33、图6-34，见彩图）。

（二）发病原因

蚜虫产生的原因首先是温度适宜，有利于蚜虫生长及繁殖；其次是寄主植物丰富，彼此间易形成交互侵染，其种群很难彻底清除；最后是降雨少，易出现干旱，有利于虫口密度的增加。

（三）防治措施

由于危害草莓的蚜虫种类较多，有时单一发生，有时混合发生，并且蚜虫繁殖能力和适应能力强，所以各种防治方法都很难取得根治的效果。因此对于蚜虫防治时，应尽快抓紧治疗，避免蚜虫大量发生。

1. 农业防治

加强田间管理，及时清除病残叶、老叶，降低蚜虫种群数量，减少危害范围及程度，同时清除田间杂草，减少蚜虫交互侵染。

2. 物理防治

设置防虫网等设施，从源头降低种群数量。防虫网主要防治鞘翅目、鳞翅目和同翅目的中小型害虫，设置在棚室入口以及通风口处，一般温室栽培草莓使用40～50目规格即可。另外还可利用蚜虫习性设置黄板及黑光灯诱杀。

3. 生物防治

利用七星瓢虫、食蚜蝇、寄生蜂等蚜虫天敌进行生物防治。在使用天敌防治之前，需喷施生物源低毒农药控制蚜虫种群数量。一般释放七星瓢虫时，瓢蚜比以1∶（100～150）为宜，若田间蚜虫密度高时，可适当扩大瓢蚜比例。

4. 化学防治

蚜虫防治最好采用“早治、小治”原则，为确保药效，一般在发生初期防治最佳。

（1）烟剂　烟剂熏蒸防治蚜虫可选用10%异丙威烟剂，每亩（大棚）使用4～6枚，每3～5d使用1次，连用2～3次。

（2）药剂　一般可选用1.5%除虫菊素水乳剂330～500倍液喷雾，7d防治一次，整个生育期使用3次；4.5%高效氯氰菊酯乳油1800～2700倍液喷雾；7d防治一次，整个生育期使用3次。

10%吡虫啉可湿性粉剂4000～6000倍液叶面喷施，7d左右防治一次，整个生育期使用3次。为避免产生抗药性，最好多种药剂轮换施用。

5. 其他措施

（1）糖醋液灭虫　取酒、水、糖、醋按照1∶2∶3∶4的比例制成糖醋液。

在傍晚蚜虫活跃时，将存放糖醋液的开口器放到田间，第二天清晨集中灭杀。

（2）杨柳条灭虫　将杨柳条搓烂、扎捆，放入田间引诱蚜虫，之后再集中灭杀。

（3）喷施草木灰溶液灭虫：按照1∶5的比例制成草木灰溶液，喷施在受害植株上，既可以烧杀害虫，又能为植株补充钾肥。

（4）喷施洗衣粉液灭虫　洗衣粉按照1∶（400～500）的比例制成溶液喷施，连喷2～3次，可起到较好的防治效果。洗衣粉液主要成分是十二烷基苯磺酸钠，对蚜虫有较强的触杀作用，注意草莓采收期禁止使用。

（5）喷施烟叶水灭虫　取鲜烟叶1kg，按照1∶10的比例兑水、浸泡、揉搓，之后取过滤液，最后加入10kg石灰水混匀后喷施即可。

（6）喷施橘皮辣椒水灭虫　取鲜橘皮1kg、鲜辣椒0.5kg混匀捣碎，按照1∶7的比例兑水后煮沸，浸泡24h后取过滤液喷施。橘皮辣椒水对蚜虫具有触杀作用，喷施后防治若蚜效果显著。

（7）喷施韭菜水灭虫　取新鲜韭菜250g捣烂，按照1∶2的比例兑水，浸泡30min后取过滤液喷施。

五、蛴螬

危害草莓的金龟子种类很多，而蛴螬是各种金龟子幼虫的统称，通常弯曲成“C”形。蛴螬主要来源于农户施用未腐熟的有机肥；由于其成虫对未腐熟的有机肥有较强的趋性，因此肥中含有大量虫卵，一旦肥料施入栽培土壤中就能大量繁殖且危害草莓生长发育。

（一）症状识别

蛴螬主要危害幼根、新茎，造成植株死亡。

（二）防治措施

蛴螬危害盛期主要是春季和秋季。春季危害在4月下旬～6月。4月下旬成虫进入产卵盛期，5月下旬卵孵化成幼虫，成虫则在5月中旬至6月中旬出基质危害草莓叶片。秋季危害在9月～10月，进入秋季以后，气温降低，当地温达到13～18℃时，蛴螬开始出基质危害草莓。

对于蛴螬的防治主要有以下措施：

1. 农业防治

一定要施用腐熟的有机肥。腐熟过程能利用高温杀死粪肥中的金龟子幼虫和蛹，从而减少虫体数量，避免蛴螬大规模发生。连作地块要进行土壤消毒，降低或消灭土壤中的害虫种群数量。合理轮作，能改善土壤环境，抑制蛴螬发生。

2. 物理防治

（1）人工捕杀　施肥前筛出肥料中的蛴螬并杀死；草莓定植后利用成虫假死性在清晨或傍晚成虫为害期进行捕杀。

（2）利用趋性诱杀　黑光灯诱杀；利用成虫趋化性进行诱杀，一般诱杀剂可选用糖醋液或烂果混入少量敌百虫。

3. 天敌防治

可以用茶色食虫虻、黑基质蜂、白僵菌等天敌生物来防治蛴螬。

4. 化学防治

草莓定植前可用药剂处理有机肥，一般可选用5%辛硫磷颗粒剂处理草莓周围的土壤，每亩使用2kg施于地面后翻入基质中即可。草莓定植后，可选用50%的辛硫磷乳油1500倍液灌根。

5. 其他防治

（1）诱杀　取20～30cm长的槐树带叶枝条，将基部泡在30～50倍液的内吸性药液久效磷或乐果中，10h后取出枝条打捆、成堆码放，进行诱杀。

（2）毒杀　将蓖麻叶晒干、磨成粉末施入基质中，可防治蛴螬等地下害虫。

（3）驱虫　田间可追施碳酸氢铵、腐植酸铵、氨水、氨化过磷酸钙等肥料，通过肥料散发氨气，对蛴螬有一定的驱避作用。

六、蝼蛄

蝼蛄是一种杂食性很强的害虫，主要危害草莓根系及茎部，通过咬食幼芽、幼根，导致植株凋萎死亡。

蝼蛄有两个危害盛期，第一个危害高峰是5月上旬至6月中旬。第二个危害高峰是9月～10月中旬。

对于蝼蛄的防治主要有以下措施：

1. 农业防治

合理轮作、施用腐熟的农家肥能减缓蝼蛄发生；基质栽培也能避免基质传虫害的发生。

2. 利用趋性诱杀

利用蝼蛄对香甜味的趋性可撒施毒饵诱杀害虫。一般毒饵可选用麦麸或豆饼制成。制作方法：将 5kg 麦麸或豆饼炒香，加入 150g 90%的敌百虫，后加水混匀，制成毒饵。

利用蝼蛄的生长习性，在田间挖 40cm×20cm×20cm 的大坑，坑内堆放湿润的农家肥后表面覆草，在坑上设置黑光灯诱杀害虫。

3. 生物防治

通过招引或人工释放食虫鸟类，防治蝼蛄。在土壤中接种白僵菌，致使蝼蛄感染死亡。

4. 化学防治

草莓生长季每亩可选用 90%敌百虫 200g，按照 1∶3.75 的比例兑水后，在垄沟内灌溉。

5. 其他防治

(1) 糖醋液诱杀　自制糖醋液于傍晚害虫活跃时放到田间诱杀。

(2) 水罐诱杀　在田间埋设水罐，水量与罐口有一定差距，在水表面滴少量香油诱杀蝼蛄。

(3) 挖洞灭虫　根据蝼蛄活动时留下的虚基质或隧道可找到虫洞，铲去表层土壤，沿虫洞下挖 40～50cm 即可找到蝼蛄，一般挖洞灭虫结合蝼蛄产卵盛期防治效果更佳。

(4) 苦瓜水灭虫　取 1 份苦瓜叶捣烂，按照 1∶30 的比例兑水、混匀，取过滤液，按照 1∶1 的比例加入石灰水，制成防治土壤害虫的溶液。

七、金针虫

（一）症状识别

金针虫可从根、地下、茎上蛀洞，严重时能截断地下根茎；能在叶柄基部蛀洞，从而蛀入嫩心；在草莓成熟季节对贴近地面的果实蛀洞，严重时可洞穿整个果实。

（二）防治措施

金针虫以秋季危害为主，气温降低后，从深基质层向上移动，到表层为害。

对于金针虫的防治主要有以下措施：

1. 农业防治

合理轮作，是防治金针虫的有效措施。清洁园区，消灭杂草，有效减少成虫产卵场所、控制幼虫早期来源，从而降低害虫种群数量。果期，可通过在果实和基质之间增设填充物，防止金针虫危害。

金针虫适宜的土壤含水量为20%～25%，其活动盛期可灌水迫使害虫向下深移，从而抑制其危害。

2. 毒基质防治

定植前制毒基质撒施防治，一般每亩可选用48%地蛆灵乳油200mL，拌细基质10kg撒在种植沟内，也可将农药与农家肥拌匀施入。

3. 天敌防治

可利用青蛙、蟾蜍等天敌生物防治。

4. 化学防治

草莓生长期发生金针虫，可在种苗间挖小穴，将颗粒剂或毒基质点入穴中后覆盖，土壤干燥时也可将48%地蛆灵乳油2000倍液，开沟或挖穴点浇。

第四节　草莓栽培绿色防控技术

绿色防控是指从农田生态系统整体出发，以农业防治为基础，积极保护利用自然天敌，恶化病虫的生存条件，提高农作物抗虫能力，在必要时合理地使用化学农药，将病虫危害损失降到最低限度，它是持续控制病虫灾害，保障农业生产安全的重要手段。

绿色防控优先采取生态控制、农业防治和生物防治等环境友好型技术措施（不排除化学防治），最根本是为了确保草莓生产安全、产品质量安全、田间生态环境安全以及病虫可持续控制，同时减少化学农药的使用。

一、实现绿色防控的措施

（1）以预防为主，控制病虫害源头　减少化学农药施用，控制病虫害发生，主要以预防为主，从病虫害源头控制从而进行健康栽培。

（2）采用环境友好型技术措施　寻找低毒、低残留的化学防治药剂替代品，植保措施以综合防治为主、非化学防治优先的原则，实现环境友好型技术措施。

（3）科学精准用药　改良化学防治，实现科学精准用药。①要对症选药，高效低毒优先；②应及时用药，合理轮换；③要精准配药，高效施药。

二、设施草莓绿色防控的重点及方向

设施草莓其病虫害源头主要包括种苗、空气、病残体、土壤、棚室表面。从源头控制病虫害，其防治效果好，投入成本低，有利于实现草莓产业的长远发展。

从病虫害源头控制入手，以无病虫壮苗定植为中心，建立覆盖产前、产中和产后的全程绿色防控技术体系。

三、全程绿色防控

1. 田园清洁

定植前对整个园区进行全面清洁，包括清除杂草、植株残体、废弃物集中回收、肥料等投入品专区无害化处理，减少生产环境中病虫来源。

2. 无病虫育苗配套技术

（1）选种选材应避免病虫害　选用抗病虫品种，同时园区所用繁殖材料必须具备植物检疫证书或产地检疫合格证书，避免检疫性病虫害。

（2）种苗处理　定植前用流动水冲洗草莓裸根苗根系，之后可用一定浓度的药剂浸泡根系3～5min，从而消灭种苗根系表面或内部携带的病原菌或害虫。

（3）两网覆盖　在棚室通风口、出入口处加挂50目防虫网，阻隔烟粉虱等小型害虫，高温季节使用外遮阳网，能有效降低棚内温度，预防病毒病。

（4）无病基质育苗　①选择好商品基质，配置营养基质的农家肥应该充分腐熟且未经蔬菜残体污染；②育苗槽消毒，可用广谱性杀虫杀菌剂按照标注剂量喷施或制成药液清洗其表面；③苗棚表面消毒，可用烟剂熏蒸消毒或喷雾消毒；④色板监测诱杀，每亩可悬挂25～50块，悬挂高度在草莓种苗上方5～10cm处。

3. 产前预防配套技术

（1）合理轮作　轮作的意义能克服土壤连作障碍，减少病虫害发生，有效缓解土壤次生盐渍化及酸化，同时还能调整元素平衡。

轮作设计的原则：吸收营养不同、互不传染病害；能改进土壤结构；考虑轮作作物对土壤酸碱度的要求及对杂草的抑制作用。

（2）基质消毒　基质栽培方式能克服土壤连坐障碍及基质传病虫害的发生；基质消毒能更好地解决作物的重茬问题，并显著提高作物的产量和品质。

（3）棚室表面消毒　该技术是拉秧后棚室内残存大量病虫，采用有效措施对棚室架材、过道、耳房进行消毒处理，降低生育期病虫危害风险。在日光温室栽培过程中，气传病害和小型害虫70%以上来源于本棚室，因此开展棚室表面消毒，可延缓病虫害发生时期，显著减轻病虫害发生程度。

一般棚室表面消毒常用的方法有药剂喷雾法、烟雾法以及臭氧消毒法。而棚室表面消毒一般有三个最佳时期：①草莓拉秧并彻底清除病残体后；②育苗准备工作完成后，开始育苗之前；③定植准备工作完成后，临近定植前。

棚前建立消毒池能有效预防病虫害；进出棚室注意更换衣物、鞋、农具，避免病虫害传播，形成多次侵染。

4. 产中科学防控

（1）农业防治　农业防治是病虫害防治的基本措施，其投入少、安全并且效果显著，易于被广大农户接受、使用。一般温室草莓栽培过程中常见的农业防治包括节水灌溉、物理降湿以及及时清除病残体等。

（2）生态调控　生态调控是通过人为进行田间温度、湿度等气象条件调节、控制管理去影响草莓生长发育和病虫发生发展的方法，其核心内容是通过进行调节环境温度、湿度、光照等生态条件，维持草莓正常生长发育，同时限制或抑制病害、虫害发生。一般生态调控也称生态管理调控，对病害发生的影响明显，对虫害防控效果相对差一些。

（3）防虫网　防虫网的使用是比较普遍的防虫技术，要切实起到作用需注意以下方面：①防虫网安放的位置要设置在棚室入口以及通风口；②防虫网定位清晰，主要防治鞘翅目、鳞翅目和同翅目的中小型害虫；③防虫网的规格要合理，一般温室栽培草莓使用40～50目即可。

（4）遮阳设施　遮阳设施的合理使用能有效预防病虫害的发生及侵染，常见的遮阳设施有遮阳网、遮阳降温涂料以及泥浆遮阳等，但不同遮阳设施各有其优点。遮阳网的遮光率能达到20%～75%，有效防止烈日照射以及暴雨冲击，能预防高温诱发的病毒病。遮阳降温涂料可根据生产需要设置23%～

82%的遮阳率，降温可达到5～12℃，同时具有耐霜冻、雨水及紫外线辐射等优点。泥浆遮阳同样可以起到遮阳降温的作用，因其成本低廉，受到广大农户好评，但其遮阳效果易受到降雨的影响且多次使用后影响棚膜的透光率。

（5）硫黄熏蒸预防病害　一般以预防草莓白粉病为主，每亩设置8～10个熏蒸罐即可，每周熏蒸1～2次。硫黄熏蒸能降低温室湿度，起到预防与治疗的双重作用。

（6）色板诱杀　根据不同害虫对不同色彩的敏感性不同进行诱杀，一般分为黄板、蓝板、白板以及信息素色板等，其靶标害虫主要为蚜虫、粉虱、潜叶蝇、蓟马等。放置密度为标准温室25～50块，放置高度为生长点上方5～10cm处。注意使用色板时需根据虫情及时更换，以免降低防治效果。

（7）功能膜防控病虫技术　功能膜防控病虫技术是指使用具有不同功能的农膜（如长寿膜、无滴膜、保温膜、消雾膜），不同颜色的专用膜，还有高透光膜、遮光膜、防尘膜、除虫膜、紫外线阻断膜、除草膜等农膜防治虫害的技术。

（8）天敌防治害虫技术　天敌防治害虫技术是一种安全、有效的防治措施，针对不同的害虫，其防治天敌不同。草莓栽培过程中常见害虫有蚜虫、蓟马、红蜘蛛等，其对应的天敌有异色瓢虫、捕食螨等。

天敌防治的注意事项：①为确保防治效果，天敌防治应在虫害发生初期使用，同时在释放天敌前应尽量压低害虫的数量；②使用天敌期间严禁使用化学农药，以免杀伤天敌。

（9）蜜蜂授粉技术　蜜蜂授粉技术的合理使用能降低灰霉病的发生、减少化学农药使用、增加产量、提高品质、节约劳动力。

（10）化学农药替代品　一般化学农药替代品要具有以下特征：对人畜安全；有利于蔬菜产品质量安全；易降解，环境污染小；选择性强，利于天敌保护；不易产生抗药性，有利于病虫持续控制。

生物农药使用的注意事项：微生物源农药使用时需掌握温度、把握湿度，避免强光以及雨水冲刷，最好不与化学药剂混合使用；植物源农药是以预防为主，高危条件未发病时或发病初期用药，需要与其他手段配合使用，避免雨水冲刷；矿物源农药需混匀后喷施，喷雾均匀周到（触杀），不要轻易与其他农药混用；生长调节剂需适时使用，精准浓度，随用随配，不能以药代肥；抗剂一般在病害发生前或发生初期用，现用现配，无内吸性，均匀喷雾。

（11）化学农药科学使用　根据病虫对症选药，高效、低毒、低残留药剂优先；根据农药剂型选择最适宜的施药方法；适期用药，根据病虫草害发生特点，在最佳时期适时施药；交替轮换用药，避免产生抗药性；严禁使用剧毒、高毒、高残留农药；严格按照农药说明书规定浓度配药且配药工具需准确无误；严格按照国家规定的农药安全使用间隔期施药。

（12）精准配药技术　精准配药技术能避免随意增减用药量，延缓抗药性的同时确保药效。精准配药对器材的要求：度量精准、使用携带方便。

（13）高效施药，采用新型药械　新型药械具有以下优势：可以节水、节药、节省人力；其雾化水平高，均匀度高，能提高农药利用效率；不受剂型限制，不损失药剂有效成分；无需进棚作业，效率高，对施药者无污染。

5. 产后残体无害化处理技术

病残体既是草莓病虫发生的初始来源，又是主要传播途径，因此草莓拉秧后残体无害化处理极为重要。生产结束后，应该及时、妥善处理拉秧后的植株病残体，灭杀残体上的大量病、虫，控制源头。

一般病残体无害化处理方法有菌肥发酵堆沤、太阳能高温堆沤、太阳能臭氧无害处理、臭氧无害就地处理等，但不同方法各有其利弊。菌肥发酵堆沤杀虫彻底且堆肥质量高；太阳能高温堆沤时间长，易受天气影响；太阳能臭氧无害处理成本高，只适合大型园区；臭氧无害就地处理无需运送，方便快捷。

附录

《农药管理条例》已经 2017 年 2 月 8 日国务院第 164 次常务会议修订通过，现将修订后的《农药管理条例》公布，自 2017 年 6 月 1 日起施行。

附录 1　农药管理条例

（1997 年 5 月 8 日中华人民共和国国务院令第 216 号发布根据 2001 年 11 月 29 日《国务院关于修改〈农药管理条例〉的决定》修订 2017 年 2 月 8 日国务院第 164 次常务会议修订通过）

第一章　总则

第一条　为了加强农药管理，保证农药质量，保障农产品质量安全和人畜安全，保护农业、林业生产和生态环境，制定本条例。

第二条　本条例所称农药，是指用于预防、控制危害农业、林业的病、虫、草、鼠和其他有害生物以及有目的地调节植物、昆虫生长的化学合成或者来源于生物、其他天然物质的一种物质或者几种物质的混合物及其制剂。

前款规定的农药包括用于不同目的、场所的下列各类：

（一）预防、控制危害农业、林业的病、虫（包括昆虫、蜱、螨）、草、鼠、软体动物和其他有害生物；

（二）预防、控制仓储以及加工场所的病、虫、鼠和其他有害生物；

（三）调节植物、昆虫生长；

（四）农业、林业产品防腐或者保鲜；

（五）预防、控制蚊、蝇、蜚蠊、鼠和其他有害生物；

（六）预防、控制危害河流堤坝、铁路、码头、机场、建筑物和其他场所的有害生物。

第三条 国务院农业主管部门负责全国的农药监督管理工作。

县级以上地方人民政府农业主管部门负责本行政区域的农药监督管理工作。

县级以上人民政府其他有关部门在各自职责范围内负责有关的农药监督管理工作。

第四条 县级以上地方人民政府应当加强对农药监督管理工作的组织领导，将农药监督管理经费列入本级政府预算，保障农药监督管理工作的开展。

第五条 农药生产企业、农药经营者应当对其生产、经营的农药的安全性、有效性负责，自觉接受政府监管和社会监督。

农药生产企业、农药经营者应当加强行业自律，规范生产、经营行为。

第六条 国家鼓励和支持研制、生产、使用安全、高效、经济的农药，推进农药专业化使用，促进农药产业升级。

对在农药研制、推广和监督管理等工作中作出突出贡献的单位和个人，按照国家有关规定予以表彰或者奖励。

第二章 农药登记

第七条 国家实行农药登记制度。农药生产企业、向中国出口农药的企业应当依照本条例的规定申请农药登记，新农药研制者可以依照本条例的规定申请农药登记。

国务院农业主管部门所属的负责农药检定工作的机构负责农药登记具体工作。省、自治区、直辖市人民政府农业主管部门所属的负责农药检定工作的机构协助做好本行政区域的农药登记具体工作。

第八条 国务院农业主管部门组织成立农药登记评审委员会，负责农药登记评审。

农药登记评审委员会由下列人员组成：

（一）国务院农业、林业、卫生、环境保护、粮食、工业行业管理、安全生产监督管理等有关部门和供销合作总社等单位推荐的农药产品化学、药效、毒理、残留、环境、质量标准和检测等方面的专家；

（二）国家食品安全风险评估专家委员会的有关专家；

（三）国务院农业、林业、卫生、环境保护、粮食、工业行业管理、安全生产监督管理等有关部门和供销合作总社等单位的代表。

农药登记评审规则由国务院农业主管部门制定。

第九条 申请农药登记的，应当进行登记试验。

农药的登记试验应当报所在地省、自治区、直辖市人民政府农业主管部门备案。

新农药的登记试验应当向国务院农业主管部门提出申请。国务院农业主管部门应当自受理申请之日起40个工作日内对试验的安全风险及其防范措施进行审查，符合条件的，准予登记试验；不符合条件的，书面通知申请人并说明理由。

第十条 登记试验应当由国务院农业主管部门认定的登记试验单位按照国务院农业主管部门的规定进行。

与已取得中国农药登记的农药组成成分、使用范围和使用方法相同的农药，免予残留、环境试验，但已取得中国农药登记的农药依照本条例第十五条的规定在登记资料保护期内的，应当经农药登记证持有人授权同意。

登记试验单位应当对登记试验报告的真实性负责。

第十一条 登记试验结束后，申请人应当向所在地省、自治区、直辖市人民政府农业主管部门提出农药登记申请，并提交登记试验报告标签样张和农药产品质量标准及其检验方法等申请资料；申请新农药登记的，还应当提供农药标准品。

省、自治区、直辖市人民政府农业主管部门应当自受理申请之日起20个工作日内提出初审意见，并报送国务院农业主管部门。

向中国出口农药的企业申请农药登记的，应当持本条第一款规定的资料、农药标准品以及在有关国家（地区）登记、使用的证明材料，向国务院农业主管部门提出申请。

第十二条 国务院农业主管部门受理申请或者收到省、自治区、直辖市人民政府农业主管部门报送的申请资料后，应当组织审查和登记评审，并自收到评审意见之日起20个工作日内作出审批决定，符合条件的，核发农药登记证；不符合条件的，书面通知申请人并说明理由。

第十三条 农药登记证应当载明农药名称、剂型、有效成分及其含量、毒性、使用范围、使用方法和剂量、登记证持有人、登记证号以及有效期等事项。

农药登记证有效期为5年。有效期届满，需要继续生产农药或者向中国出口农药的，农药登记证持有人应当在有效期届满90日前向国务院农业主管部门申请延续。

农药登记证载明事项发生变化的，农药登记证持有人应当按照国务院农业主管部门的规定申请变更农药登记证。

国务院农业主管部门应当及时公告农药登记证核发、延续、变更情况以及有关的农药产品质量标准号、残留限量规定、检验方法、经核准的标签等信息。

第十四条 新农药研制者可以转让其已取得登记的新农药的登记资料；农药生产企业可以向具有相应生产能力的农药生产企业转让其已取得登记的农药的登记资料。

第十五条 国家对取得首次登记的、含有新化合物的农药的申请人提交的其自己所取得且未披露的试验数据和其他数据实施保护。

自登记之日起6年内，对其他申请人未经已取得登记的申请人同意，使用前款规定的数据申请农药登记的，登记机关不予登记；但是，其他申请人提交其自己所取得的数据的除外。

除下列情况外，登记机关不得披露本条第一款规定的数据：

（一）公共利益需要

（二）已采取措施确保该类信息不会被不正当地进行商业使用

第三章 农药生产

第十六条 农药生产应当符合国家产业政策。国家鼓励和支持农药生产企业采用先进技术和先进管理规范，提高农药的安全性、有效性。

第十七条 国家实行农药生产许可制度。农药生产企业应当具备下列条件，并按照国务院农业主管部门的规定向省、自治区、直辖市人民政府农业主管部门申请农药生产许可证：

（一）有与所申请生产农药相适应的技术人员；

（二）有与所申请生产农药相适应的厂房、设施；

（三）有对所申请生产农药进行质量管理和质量检验的人员、仪器和设备；

（四）有保证所申请生产农药质量的规章制度。

省、自治区、直辖市人民政府农业主管部门应当自受理申请之日起20个工作日内作出审批决定，必要时应当进行实地核查。符合条件的，核发农药生产许可证；不符合条件的，书面通知申请人并说明理由。

安全生产、环境保护等法律、行政法规对企业生产条件有其他规定的，农药生产企业还应当遵守其规定。

第十八条 农药生产许可证应当载明农药生产企业名称、住所、法定代表人（负责人）、生产范围、生产地址以及有效期等事项。

农药生产许可证有效期为5年。有效期届满，需要继续生产农药的，农药生产企业应当在有效期届满90日前向省、自治区、直辖市人民政府农业主管部门申请延续。

农药生产许可证载明事项发生变化的，农药生产企业应当按照国务院农业主管部门的规定申请变更农药生产许可证。

第十九条 委托加工、分装农药的，委托人应当取得相应的农药登记证，受托人应当取得农药生产许可证。

委托人应当对委托加工、分装的农药质量负责。

第二十条 农药生产企业采购原材料，应当查验产品质量检验合格证和有关许可证明文件，不得采购、使用未依法附具产品质量检验合格证、未依法取得有关许可证明文件的原材料。

农药生产企业应当建立原材料进货记录制度，如实记录原材料的名称、有关许可证明文件编号、规格、数量、供货人名称及其联系方式、进货日期等内容。原材料进货记录应当保存 2 年以上。

第二十一条 农药生产企业应当严格按照产品质量标准进行生产确保农药产品与登记农药一致。农药出厂销售，应当经质量检验合格并附具产品质量检验合格证。

农药生产企业应当建立农药出厂销售记录制度，如实记录农药的名称、规格、数量、生产日期和批号、产品质量检验信息、购货人名称及其联系方式、销售日期等内容。农药出厂销售记录应当保存 2 年以上。

第二十二条 农药包装应当符合国家有关规定，并印制或者贴有标签。国家鼓励农药生产企业使用可回收的农药包装材料。

农药标签应当按照国务院农业主管部门的规定，以中文标注农药的名称、剂型、有效成分及其含量、毒性及其标识、使用范围、使用方法和剂量、使用技术要求和注意事项、生产日期、可追溯电子信息码等内容。

剧毒、高毒农药以及使用技术要求严格的其他农药等限制使用农药的标签还应当标注“限制使用”字样，并注明使用的特别限制和特殊要求。用于食用农产品的农药的标签还应当标注安全间隔期。

第二十三条 农药生产企业不得擅自改变经核准的农药的标签内容，不得在农药的标签中标注虚假、误导使用者的内容。

农药包装过小，标签不能标注全部内容的，应当同时附具说明书，说明书的内容应当与经核准的标签内容一致。

第四章 农药经营

第二十四条 国家实行农药经营许可制度，但经营卫生用农药的除外。农药经营者应当具备下列条件，并按照国务院农业主管部门的规定向县级以上地方人民政府农业主管部门申请农药经营许可证：

（一）有具备农药和病虫害防治专业知识，熟悉农药管理规定，能够指导安全合理使用农药的经营人员；

（二）有与其他商品以及饮用水水源、生活区域等有效隔离的营业场所和仓储场所，并配备与所申请经营农药相适应的防护设施；

（三）有与所申请经营农药相适应的质量管理、台账记录、安全防护、应急处置、仓储管理等制度。

经营限制使用农药的，还应当配备相应的用药指导和病虫害防治专业技术人员，并按照所在地省、自治区、直辖市人民政府农业主管部门的规定实行定点经营。

县级以上地方人民政府农业主管部门应当自受理申请之日起 20 个工作日内作出审批决定。符合条件的，核发农药经营许可证；不符合条件的，书面通知申请人并说明理由。

第二十五条 农药经营许可证应当载明农药经营者名称、住所、负责人、经营范围以及有效期等事项。

农药经营许可证有效期为 5 年。有效期届满，需要继续经营农药的，农药经营者应当在有效期届满 90 日前向发证机关申请延续。

农药经营许可证载明事项发生变化的，农药经营者应当按照国务院农业主管部门的规定申请变更农药经营许可证。

取得农药经营许可证的农药经营者设立分支机构的，应当依法申请变更农药经营许可证，并向分支机构所在地县级以上地方人民政府农业主管部门备案，其分支机构免予办理农药经营许可证。农药经营者应当对其分支机构的经营活动负责。

第二十六条 农药经营者采购农药应当查验产品包装、标签、产品质量检验合格证以及有关许可证明文件，不得向未取得农药生产许可证的农药生产企业或者未取得农药经营许可证的其他农药经营者采购农药。

农药经营者应当建立采购台账，如实记录农药的名称、有关许可证明文件编号、规格、数量、生产企业和供货人名称及其联系方式、进货日期等内容。采购台账应当保存 2 年以上。

第二十七条 农药经营者应当建立销售台账，如实记录销售农药的名称、规格、数量、生产企业、购买人、销售日期等内容。销售台账应当保存 2 年以上。

农药经营者应当向购买人询问病虫害发生情况并科学推荐农药，必要时应当实地查看病虫害发生情况，并正确说明农药的使用范围、使用方法和剂量、使用技术要求和注意事项，不得误导购买人。

经营卫生用农药的，不适用本条第一款、第二款的规定。

第二十八条 农药经营者不得加工、分装农药，不得在农药中添加任何物质，不得采购、销售包装和标签不符合规定，未附具产品质量检验合格证，未取得有关许可证明文件的农药。

经营卫生用农药的，应当将卫生用农药与其他商品分柜销售；经营其他农药的，不得在农药经营场所内经营食品、食用农产品、饲料等。

第二十九条 境外企业不得直接在中国销售农药。境外企业在中国销售农药的，应当依法在中国设立销售机构或者委托符合条件的中国代理机构销售。

向中国出口的农药应当附具中文标签、说明书，符合产品质量标准，并经出入境检验检疫部门依法检验合格。禁止进口未取得农药登记证的农药。

办理农药进出口海关申报手续，应当按照海关总署的规定出示相关证明文件。

第五章 农药使用

第三十条 县级以上人民政府农业主管部门应当加强农药使用指导、服务工作，建立健全农药安全、合理使用制度，并按照预防为主、综合防治的要求，组织推广农药科学使用技术，规范农药使用行为。林业、粮食、卫生等部门应当加强对林业、储粮、卫生用农药安全、合理使用的技术指导，环境保护主管部门应当加强对农药使用过程中环境保护和污染防治的技术指导。

第三十一条 县级人民政府农业主管部门应当组织植物保护、农业技术推广等机构向农药使用者提供免费技术培训，提高农药安全、合理使用水平。

国家鼓励农业科研单位、有关学校、农民专业合作社、供销合作社、农业社会化服务组织和专业人员为农药使用者提供技术服务。

第三十二条 国家通过推广生物防治、物理防治、先进施药器械等措施，逐步减少农药使用量。

县级人民政府应当制定并组织实施本行政区域的农药减量计划；对实施农药减量计划、自愿减少农药使用量的农药使用者，给予鼓励和扶持。

县级人民政府农业主管部门应当鼓励和扶持设立专业化病虫害防治服务组织，并对专业化病虫害防治和限制使用农药的配药、用药进行指导、规范和管理，提高病虫害防治水平。

县级人民政府农业主管部门应当指导农药使用者有计划地轮换使用农药，减缓危害农业、林业的病、虫、草、鼠和其他有害生物的抗药性。

乡、镇人民政府应当协助开展农药使用指导、服务工作。

第三十三条 农药使用者应当遵守国家有关农药安全、合理使用制度，妥善保管农药，并在配药、用药过程中采取必要的防护措施，避免发生农药使用事故。

限制使用农药的经营者应当为农药使用者提供用药指导，并逐步提供统一用药服务。

第三十四条 农药使用者应当严格按照农药的标签标注的使用范围、使用方法和剂量、使用技术要求和注意事项使用农药，不得扩大使用范围、加大用药剂量或者改变使用方法。

农药使用者不得使用禁用的农药。

标签标注安全间隔期的农药，在农产品收获前应当按照安全间隔期的要求停止使用。

剧毒、高毒农药不得用于防治卫生害虫，不得用于蔬菜、瓜果、茶叶、菌类、中草药材的生产，不得用于水生植物的病虫害防治。

第三十五条 农药使用者应当保护环境，保护有益生物和珍稀物种，不得在饮用水水源保护区、河道内丢弃农药、农药包装物或者清洗施药器械。

严禁在饮用水水源保护区内使用农药，严禁使用农药毒鱼、虾、鸟兽等。

第三十六条 农产品生产企业、食品和食用农产品仓储企业、专业化病虫害防治服务组织和从事农产品生产的农民专业合作社等应当建立农药使用记录，如实记录使用农药的时间、地点、对象以及农药名称用量、生产企业等。农药使用记录应当保存 2 年以上。

国家鼓励其他农药使用者建立农药使用记录。

第三十七条 国家鼓励农药使用者妥善收集农药包装物等废弃物；农药生产企业、农药经营者应当回收农药废弃物，防止农药污染环境和农药中毒事故的发生。具体办法由国务院环境保护主管部门会同国务院农业主管部门、国务院财政部门等部门制定。

第三十八条 发生农药使用事故，农药使用者、农药生产企业、农药经营者和其他有关人员应当及时报告当地农业主管部门。

接到报告的农业主管部门应当立即采取措施，防止事故扩大，同时通知有关部门采取相应措施。造成农药中毒事故的，由农业主管部门和公安机关依照职责权限组织调查处理，卫生主管部门应当按照国家有关规定立即对受到伤害的人员组织医疗救治；造成环境污染事故的，由环境保护等有关部门依法组织调查处理；造成储粮药剂使用事故和农作物药害事故的，分别由粮食、农业等部门组织技术鉴定和调查处理。

第三十九条 因防治突发重大病虫害等紧急需要，国务院农业主管部门可以决定临时生产、使用规定数量的未取得登记或者禁用、限制使用的农药，必要时应当会同国务院对外贸易主管部门决定临时限制出口或者临时进口规定数量、品种的农药。

前款规定的农药，应当在使用地县级人民政府农业主管部门的监督和指导下使用。

第六章　监督管理

第四十条　县级以上人民政府农业主管部门应当定期调查统计农药生产、销售、使用情况，并及时通报本级人民政府有关部门。

县级以上地方人民政府农业主管部门应当建立农药生产、经营诚信档案并予以公布；发现违法生产、经营农药的行为涉嫌犯罪的，应当依法移送公安机关查处。

第四十一条　县级以上人民政府农业主管部门履行农药监督管理职责，可以依法采取下列措施：

（一）进入农药生产、经营、使用场所实施现场检查；

（二）对生产、经营、使用的农药实施抽查检测；

（三）向有关人员调查了解有关情况；

（四）查阅、复制合同、票据、账簿以及其他有关资料；

（五）查封、扣押违法生产、经营、使用的农药，以及用于违法生产、经营、使用农药的工具、设备、原材料等；

（六）查封违法生产、经营、使用农药的场所。

第四十二条　国家建立农药召回制度。农药生产企业发现其生产的农药对农业、林业、人畜安全、农产品质量安全、生态环境等有严重危害或者较大风险的，应当立即停止生产，通知有关经营者和使用者，向所在地农业主管部门报告，主动召回产品，并记录通知和召回情况。

农药经营者发现其经营的农药有前款规定的情形的，应当立即停止销售，通知有关生产企业、供货人和购买人，向所在地农业主管部门报告，并记录停止销售和通知情况。

农药使用者发现其使用的农药有本条第一款规定的情形的，应当立即停止使用，通知经营者，并向所在地农业主管部门报告。

第四十三条　国务院农业主管部门和省、自治区、直辖市人民政府农业主管部门应当组织负责农药检定工作的机构、植物保护机构对已登记农药的安全性和有效性进行监测。

发现已登记农药对农业、林业、人畜安全、农产品质量安全、生态环境等有严重危害或者较大风险的，国务院农业主管部门应当组织农药登记评审委员会进行评审，根据评审结果撤销、变更相应的农药登记证必要时应当决定禁用或者限制使用并予以公告。

第四十四条　有下列情形之一的，认定为假农药：

（一）以非农药冒充农药；

（二）以此种农药冒充他种农药；

（三）农药所含有效成分种类与农药的标签、说明书标注的有效成分不符。

禁用的农药，未依法取得农药登记证而生产、进口的农药，以及未附具标签的农药，按照假农药处理。

第四十五条 有下列情形之一的，认定为劣质农药：

（一）不符合农药产品质量标准；

（二）混有导致药害等有害成分。

超过农药质量保证期的农药，按照劣质农药处理。

第四十六条 假农药、劣质农药和回收的农药废弃物等应当交由具有危险废物经营资质的单位集中处置，处置费用由相应的农药生产企业、农药经营者承担；农药生产企业、农药经营者不明确的，处置费用由所在地县级人民政府财政列支。

第四十七条 禁止伪造、变造、转让、出租、出借农药登记证、农药生产许可证、农药经营许可证等许可证明文件。

第四十八条 县级以上人民政府农业主管部门及其工作人员和负责农药检定工作的机构及其工作人员，不得参与农药生产、经营活动。

第七章 法律责任

第四十九条 县级以上人民政府农业主管部门及其工作人员有下列行为之一的，由本级人民政府责令改正；对负有责任的领导人员和直接责任人员，依法给予处分；负有责任的领导人员和直接责任人员构成犯罪的，依法追究刑事责任：

（一）不履行监督管理职责，所辖行政区域的违法农药生产、经营活动造成重大损失或者恶劣社会影响；

（二）对不符合条件的申请人准予许可或者对符合条件的申请人拒不准予许可；

（三）参与农药生产、经营活动；

（四）有其他徇私舞弊、滥用职权、玩忽职守行为。

第五十条 农药登记评审委员会组成人员在农药登记评审中谋取不正当利益的，由国务院农业主管部门从农药登记评审委员会除名；属于国家工作人员的，依法给予处分；构成犯罪的，依法追究刑事责任。

第五十一条 登记试验单位出具虚假登记试验报告的，由省、自治区、直辖市人民政府农业主管部门没收违法所得，并处 5 万元以上 10 万元以下罚款；由国务院农业主管部门从登记试验单位中除名，5 年内不再受理其登记试验单位认定申请；构成犯罪的，依法追究刑事责任。

第五十二条 未取得农药生产许可证生产农药或者生产假农药的，由县级以上地方人民政府农业主管部门责令停止生产，没收违法所得、违法生产的产品和用于违法生产的工具、设备、原材料等，违法生产的产品货值金额不足1万元的，并处5万元以上10万元以下罚款，货值金额1万元以上的，并处货值金额10倍以上20倍以下罚款，由发证机关吊销农药生产许可证和相应的农药登记证；构成犯罪的，依法追究刑事责任。

取得农药生产许可证的农药生产企业不再符合规定条件继续生产农药的，由县级以上地方人民政府农业主管部门责令限期整改；逾期拒不整改或者整改后仍不符合规定条件的，由发证机关吊销农药生产许可证。

农药生产企业生产劣质农药的，由县级以上地方人民政府农业主管部门责令停止生产，没收违法所得、违法生产的产品和用于违法生产的工具、设备、原材料等，违法生产的产品货值金额不足1万元的，并处1万元以上5万元以下罚款，货值金额1万元以上的，并处货值金额5倍以上10倍以下罚款；情节严重的，由发证机关吊销农药生产许可证和相应的农药登记证；构成犯罪的，依法追究刑事责任。

委托未取得农药生产许可证的受托人加工、分装农药，或者委托加工、分装假农药、劣质农药的，对委托人和受托人均依照本条第一款、第三款的规定处罚。

第五十三条 农药生产企业有下列行为之一的，由县级以上地方人民政府农业主管部门责令改正，没收违法所得、违法生产的产品和用于违法生产的原材料等，违法生产的产品货值金额不足1万元的，并处1万元以上2万元以下罚款，货值金额1万元以上的，并处货值金额2倍以上5倍以下罚款；拒不改正或者情节严重的，由发证机关吊销农药生产许可证和相应的农药登记证：

（一）采购、使用未依法附具产品质量检验合格证、未依法取得有关许可证明文件的原材料；

（二）出厂销售未经质量检验合格并附具产品质量检验合格证的农药；

（三）生产的农药包装、标签、说明书不符合规定；

（四）不召回依法应当召回的农药。

第五十四条 农药生产企业不执行原材料进货、农药出厂销售记录制度，或者不履行农药废弃物回收义务的，由县级以上地方人民政府农业主管部门责令改正，处1万元以上5万元以下罚款；拒不改正或者情节严重的，由发证机关吊销农药生产许可证和相应的农药登记证。

第五十五条 农药经营者有下列行为之一的，由县级以上地方人民政府农业主管部门责令停止经营，没收违法所得、违法经营的农药和用于违法经营的工具、设备等，违法经营的农药货值金额不足 1 万元的，并处 5000 元以上 5 万元以下罚款，货值金额 1 万元以上的，并处货值金额 5 倍以上 10 倍以下罚款；构成犯罪的，依法追究刑事责任：

（一）违反本条例规定，未取得农药经营许可证经营农药；

（二）经营假农药；

（三）在农药中添加物质。

有前款第二项、第三项规定的行为，情节严重的，还应当由发证机关吊销农药经营许可证。

取得农药经营许可证的农药经营者不再符合规定条件继续经营农药的，由县级以上地方人民政府农业主管部门责令限期整改；逾期拒不整改或者整改后仍不符合规定条件的，由发证机关吊销农药经营许可证。

第五十六条 农药经营者经营劣质农药的，由县级以上地方人民政府农业主管部门责令停止经营，没收违法所得、违法经营的农药和用于违法经营的工具、设备等，违法经营的农药货值金额不足 1 万元的，并处 2000 元以上 2 万元以下罚款，货值金额 1 万元以上的，并处货值金额 2 倍以上 5 倍以下罚款；情节严重的，由发证机关吊销农药经营许可证；构成犯罪的，依法追究刑事责任。

第五十七条 农药经营者有下列行为之一的，由县级以上地方人民政府农业主管部门责令改正，没收违法所得和违法经营的农药，并处 5000 元以上 5 万元以下罚款；拒不改正或者情节严重的，由发证机关吊销农药经营许可证：

（一）设立分支机构未依法变更农药经营许可证，或者未向分支机构所在地县级以上地方人民政府农业主管部门备案；

（二）向未取得农药生产许可证的农药生产企业或者未取得农药经营许可证的其他农药经营者采购农药；

（三）采购、销售未附具产品质量检验合格证或者包装、标签不符合规定的农药；

（四）不停止销售依法应当召回的农药。

第五十八条 农药经营者有下列行为之一的，由县级以上地方人民政府农业主管部门责令改正；拒不改正或者情节严重的，处 2000 元以上 2 万元以下罚款，并由发证机关吊销农药经营许可证：

（一）不执行农药采购台账、销售台账制度；

（二）在卫生用农药以外的农药经营场所内经营食品、食用农产品、饲料等；

（三）未将卫生用农药与其他商品分柜销售；

（四）不履行农药废弃物回收义务。

第五十九条 境外企业直接在中国销售农药的，由县级以上地方人民政府农业主管部门责令停止销售，没收违法所得、违法经营的农药和用于违法经营的工具、设备等，违法经营的农药货值金额不足5万元的，并处5万元以上50万元以下罚款，货值金额5万元以上的，并处货值金额10倍以上20倍以下罚款，由发证机关吊销农药登记证。

取得农药登记证的境外企业向中国出口劣质农药情节严重或者出口假农药的，由国务院农业主管部门吊销相应的农药登记证。

第六十条 农药使用者有下列行为之一的，由县级人民政府农业主管部门责令改正，农药使用者为农产品生产企业、食品和食用农产品仓储企业、专业化病虫害防治服务组织和从事农产品生产的农民专业合作社等单位的，处5万元以上10万元以下罚款，农药使用者为个人的，处1万元以下罚款；构成犯罪的，依法追究刑事责任：

（一）不按照农药的标签标注的使用范围、使用方法和剂量、使用技术要求和注意事项、安全间隔期使用农药；

（二）使用禁用的农药；

（三）将剧毒、高毒农药用于防治卫生害虫，用于蔬菜、瓜果、茶叶、菌类、中草药材生产或者用于水生植物的病虫害防治；

（四）在饮用水水源保护区内使用农药；

（五）使用农药毒鱼、虾、鸟、兽等；

（六）在饮用水水源保护区、河道内丢弃农药、农药包装物或者清洗施药器械。

有前款第二项规定的行为的，县级人民政府农业主管部门还应当没收禁用的农药。

第六十一条 农产品生产企业、食品和食用农产品仓储企业、专业化病虫害防治服务组织和从事农产品生产的农民专业合作社等不执行农药使用记录制度的，由县级人民政府农业主管部门责令改正；拒不改正或者情节严重的，处2000元以上2万元以下罚款。

第六十二条 伪造、变造、转让、出租、出借农药登记证、农药生产许可证、农药经营许可证等许可证明文件的，由发证机关收缴或者予以吊销，没收违法所得，并处1万元以上5万元以下罚款；构成犯罪的依法追究刑事责任。

第六十三条 未取得农药生产许可证生产农药，未取得农药经营许可证经营农药，或者被吊销农药登记证、农药生产许可证、农药经营许可证的，其直接负责的主管人员 10 年内不得从事农药生产、经营活动。

农药生产企业、农药经营者招用前款规定的人员从事农药生产、经营活动的，由发证机关吊销农药生产许可证、农药经营许可证。

被吊销农药登记证的，国务院农业主管部门 5 年内不再受理其农药登记申请。

第六十四条 生产、经营的农药造成农药使用者人身、财产损害的，农药使用者可以向农药生产企业要求赔偿，也可以向农药经营者要求赔偿。属于农药生产企业责任的，农药经营者赔偿后有权向农药生产企业追偿；属于农药经营者责任的，农药生产企业赔偿后有权向农药经营者追偿。

第八章 附则

第六十五条 申请农药登记的，申请人应当按照自愿有偿的原则，与登记试验单位协商确定登记试验费用。

第六十六条 本条例自 2017 年 6 月 1 日起施行。

附录2　农药标签和说明书管理办法

《农药标签和说明书管理办法》已经农业部2017年第6次常务会议审议通过，现予公布，自2017年8月1日起施行。

第一章　总则

第一条　为了规范农药标签和说明书的管理，保证农药使用的安全，根据《农药管理条例》，制定本办法。

第二条　在中国境内经营、使用的农药产品应当在包装物表面印制或者贴有标签。产品包装尺寸过小、标签无法标注本办法规定内容的，应当附具相应的说明书。

第三条　本办法所称标签和说明书，是指农药包装物上或者附于农药包装物的，以文字、图形、符号说明农药内容的一切说明物。

第四条　农药登记申请人应当在申请农药登记时提交农药标签样张及电子文档。附具说明书的农药，应当同时提交说明书样张及电子文档。

第五条　农药标签和说明书由农业部核准。农业部在批准农药登记时公布经核准的农药标签和说明书的内容、核准日期。

第六条　标签和说明书的内容应当真实、规范、准确，其文字、符号、图形应当易于辨认和阅读，不得擅自以粘贴、剪切、涂改等方式进行修改或者补充。

第七条　标签和说明书应当使用国家公布的规范化汉字，可以同时使用汉语拼音或者其他文字。其他文字表述的含义应当与汉字一致。

第二章　标注内容

第八条　农药标签应当标注下列内容：

（一）农药名称、剂型、有效成分及其含量；

（二）农药登记证号、产品质量标准号以及农药生产许可证号；

（三）农药类别及其颜色标志带、产品性能、毒性及其标识；

（四）使用范围、使用方法、剂量、使用技术要求和注意事项；

（五）中毒急救措施；

（六）储存和运输方法；

（七）生产日期、产品批号、质量保证期、净含量；

（八）农药登记证持有人名称及其联系方式；

（九）可追溯电子信息码；

（十）象形图；

（十一）农业部要求标注的其他内容。

第九条 除第八条规定内容外，下列农药标签标注内容还应当符合相应要求：

（一）原药（母药）产品应当注明“本品是农药制剂加工的原材料，不得用于农作物或者其他场所。”且不标注使用技术和使用方法。但是经登记批准允许直接使用的除外；

（二）限制使用农药应当标注“限制使用”字样，并注明对使用的特别限制和特殊要求；

（三）用于食用农产品的农药应当标注安全间隔期，但属于第十八条第三款所列情形的除外；

（四）杀鼠剂产品应当标注规定的杀鼠剂图形；

（五）直接使用的卫生用农药可以不标注特征颜色标志带；

（六）委托加工或者分装农药的标签还应当注明受托人的农药生产许可证号、受托人名称及其联系方式和加工、分装日期；

（七）向中国出口的农药可以不标注农药生产许可证号，应当标注其境外生产地，以及在中国设立的办事机构或者代理机构的名称及联系方式。

第十条 农药标签过小，无法标注规定全部内容的，应当至少标注农药名称、有效成分含量、剂型、农药登记证号、净含量、生产日期、质量保证期等内容，同时附具说明书。说明书应当标注规定的全部内容。

登记的使用范围较多，在标签中无法全部标注的，可以根据需要在标签中标注部分使用范围，但应当附具说明书并标注全部使用范围。

第十一条 农药名称应当与农药登记证的农药名称一致。

第十二条 联系方式包括农药登记证持有人、企业或者机构的住所和生产地的地址、邮政编码、联系电话、传真等。

第十三条 生产日期应当按照年、月、日的顺序标注，年份用四位数字表示，月、日分别用两位数表示。产品批号包含生产日期的，可以与生产日期合并表示。

第十四条 质量保证期应当规定在正常条件下的质量保证期限，质量保证期也可以用有效日期或者失效日期表示。

第十五条 净含量应当使用国家法定计量单位表示。特殊农药产品，可根据其特性以适当方式表示。

第十六条 产品性能主要包括产品的基本性质、主要功能、作用特点等。对农药产品性能的描述应当与农药登记批准的使用范围、使用方法相符。

第十七条 使用范围主要包括适用作物或者场所、防治对象。

使用方法是指施用方式。

使用剂量以每亩使用该产品的制剂量或者稀释倍数表示。种子处理剂的使用剂量采用每100公斤种子使用该产品的制剂量表示。特殊用途的农药，使用剂量的表述应当与农药登记批准的内容一致。

第十八条 使用技术要求主要包括施用条件、施药时期、次数、最多使用次数，对当茬作物、后茬作物的影响及预防措施，以及后茬仅能种植的作物或者后茬不能种植的作物、间隔时间等。

限制使用农药，应当在标签上注明施药后设立警示标志，并明确人畜允许进入的间隔时间。

安全间隔期及农作物每个生产周期的最多使用次数的标注应当符合农业生产、农药使用实际。下列农药标签可以不标注安全间隔期：

（一）用于非食用作物的农药；

（二）拌种、包衣、浸种等用于种子处理的农药；

（三）用于非耕地（牧场除外）的农药；

（四）用于苗前土壤处理剂的农药；

（五）仅在农作物苗期使用一次的农药；

（六）非全面撒施使用的杀鼠剂；

（七）卫生用农药；

（八）其他特殊情形。

第十九条 毒性分为剧毒、高毒、中等毒、低毒、微毒五个级别，分别用“☠”标识和“剧毒”字样、“☠”标识和“高毒”字样、“◈”标识和“中等毒”字样、“◇低毒”标识和“微毒”字样标注。标识应当为黑色，描述文字应当为红色。

由剧毒、高毒农药原药加工的制剂产品，其毒性级别与原药的最高毒性级别不一致时，应当同时以括号标明其所使用的原药的最高毒性级别。

第二十条 注意事项应当标注以下内容：

（一）对农作物容易产生药害，或者对病虫容易产生抗性的，应当标明主要原因和预防方法；

（二）对人畜、周边作物或者植物、有益生物（如蜜蜂、鸟、蚕、蚯蚓、天敌及鱼、水蚤等水生生物）和环境容易产生不利影响的，应当明确说明，并标注使用时的预防措施、施用器械的清洗要求；

（三）已知与其他农药等物质不能混合使用的，应当标明；

（四）开启包装物时容易出现药剂撒漏或者人身伤害的，应当标明正确的开启方法；

（五）施用时应当采取的安全防护措施；

（六）国家规定禁止的使用范围或者使用方法等。

第二十一条 中毒急救措施应当包括中毒症状及误食、吸入、眼睛溅入、皮肤沾附农药后的急救和治疗措施等内容。

有专用解毒剂的，应当标明，并标注医疗建议。

剧毒、高毒农药应当标明中毒急救咨询电话。

第二十二条 储存和运输方法应当包括储存时的光照、温度、湿度、通风等环境条件要求及装卸、运输时的注意事项，并标明“置于儿童接触不到的地方”、“不能与食品、饮料、粮食、饲料等混合储存”等警示内容。

第二十三条 农药类别应当采用相应的文字和特征颜色标志带表示。

不同类别的农药采用在标签底部加一条与底边平行的、不褪色的特征颜色标志带表示。

除草剂用“除草剂”字样和绿色带表示；杀虫（螨、软体动物）剂用“杀虫剂”或者“杀螨剂”、“杀软体动物剂”字样和红色带表示；杀菌（线虫）剂用“杀菌剂”或者“杀线虫剂”字样和黑色带表示；植物生长调节剂用“植物生长调节剂”字样和深黄色带表示；杀鼠剂用“杀鼠剂”字样和蓝色带表示；杀虫/杀菌剂用“杀虫/杀菌剂”字样、红色和黑色带表示。农药类别的描述文字应当镶嵌在标志带上，颜色与其形成明显反差。其他农药可以不标注特征颜色标志带。

第二十四条 可追溯电子信息码应当以二维码等形式标注，能够扫描识别农药名称、农药登记证持有人名称等信息。信息码不得含有违反本办法规定的文字、符号、图形。

可追溯电子信息码格式及生成要求由农业部另行制定。

第二十五条 象形图包括储存象形图、操作象形图、忠告象形图、警告象形图。象形图应当根据产品安全使用措施的需要选择，并按照产品实际使用的操作要求和顺序排列，但不得代替标签中必要的文字说明。

第二十六条 标签和说明书不得标注任何带有宣传、广告色彩的文字、符号、图形，不得标注企业获奖和荣誉称号。法律、法规或者规章另有规定的，从其规定。

第三章 制作、使用和管理

第二十七条 每个农药最小包装应当印制或者贴有独立标签，不得与其他农药共用标签或者使用同一标签。

第二十八条 标签上汉字的字体高度不得小于1.8毫米。

第二十九条 农药名称应当显著、突出，字体、字号、颜色应当一致，并符合以下要求：

（一）对于横版标签，应当在标签上部三分之一范围内中间位置显著标出；对于竖版标签，应当在标签右部三分之一范围内中间位置显著标出；

（二）不得使用草书、篆书等不易识别的字体，不得使用斜体、中空、阴影等形式对字体进行修饰；

（三）字体颜色应当与背景颜色形成强烈反差；

（四）除因包装尺寸的限制无法同行书写外，不得分行书写。

除“限制使用”字样外，标签其他文字内容的字号不得超过农药名称的字号。

第三十条 有效成分及其含量和剂型应当醒目标注在农药名称的正下方（横版标签）或者正左方（竖版标签）相邻位置（直接使用的卫生用农药可以不再标注剂型名称），字体高度不得小于农药名称的二分之一。

混配制剂应当标注总有效成分含量以及各有效成分的中文通用名称和含量。各有效成分的中文通用名称及含量应当醒目标注在农药名称的正下方（横版标签）或者正左方（竖版标签），字体、字号、颜色应当一致，字体高度不得小于农药名称的二分之一。

第三十一条 农药标签和说明书不得使用未经注册的商标。

标签使用注册商标的，应当标注在标签的四角，所占面积不得超过标签面积的九分之一，其文字部分的字号不得大于农药名称的字号。

第三十二条 毒性及其标识应当标注在有效成分含量和剂型的正下方（横版标签）或者正左方（竖版标签），并与背景颜色形成强烈反差。

象形图应当用黑白两种颜色印刷，一般位于标签底部，其尺寸应当与标签的尺寸相协调。

安全间隔期及施药次数应当醒目标注，字号大于使用技术要求其他文字的字号。

第三十三条 “限制使用”字样，应当以红色标注在农药标签正面右上角或者左上角，并与背景颜色形成强烈反差，其字号不得小于农药名称的字号。

第三十四条 标签中不得含有虚假、误导使用者的内容，有下列情形之一的，属于虚假、误导使用者的内容：

（一）误导使用者扩大使用范围、加大用药剂量或者改变使用方法的；

（二）卫生用农药标注适用于儿童、孕妇、过敏者等特殊人群的文字、符号、图形等；

（三）夸大产品性能及效果、虚假宣传、贬低其他产品或者与其他产品相比较，容易给使用者造成误解或者混淆的；

（四）利用任何单位或者个人的名义、形象作证明或者推荐的；

（五）含有保证高产、增产、铲除、根除等断言或者保证，含有速效等绝对化语言和表示的；

（六）含有保险公司保险、无效退款等承诺性语言的；

（七）其他虚假、误导使用者的内容。

第三十五条 标签和说明书上不得出现未经登记批准的使用范围或者使用方法的文字、图形、符号。

第三十六条 除本办法规定应当标注的农药登记证持有人、企业或者机构名称及其联系方式之外，标签不得标注其他任何企业或者机构的名称及其联系方式。

第三十七条 产品毒性、注意事项、技术要求等与农药产品安全性有效性有关的标注内容经核准后不得擅自改变，许可证书编号、生产日期、企业联系方式等产品证明性、企业相关性信息由企业自主标注，并对真实性负责。

第三十八条 农药登记证持有人变更标签或者说明书有关产品安全性和有效性内容的，应当向农业部申请重新核准。

农业部应当在三个月内作出核准决定。

第三十九条 农业部根据监测与评价结果等信息，可以要求农药登记证持有人修改标签和说明书，并重新核准。

农药登记证载明事项发生变化的，农业部在作出准予农药登记变更决定的同时，对其农药标签予以重新核准。

第四十条 标签和说明书重新核准三个月后，不得继续使用原标签和说明书。

第四十一条 违反本办法的，依照《农药管理条例》有关规定处罚。

第四章 附则

第四十二条 本办法自2017年8月1日起施行。2007年12月8日农业部公布的《农药标签和说明书管理办法》同时废止。

现有产品标签或者说明书与本办法不符的，应当自2018年1月1日起使用符合本办法规定的标签和说明书。

附录3　限制使用农药名录

限制使用农药名录（2017版）

序号	有效成分名称	备注
1	甲拌磷	实行定点经营
2	甲基异柳磷	
3	克百威	
4	磷化铝	
5	硫丹	
6	氯化苦	
7	灭多威	
8	灭线磷	
9	水胺硫磷	
10	涕灭威	
11	溴甲烷	
12	氧乐果	
13	百草枯	
14	2,4-滴丁酯	
15	C型肉毒梭菌毒素	
16	D型肉毒梭菌毒素	
17	氟鼠灵	
18	敌鼠钠盐	
19	杀鼠灵	
20	杀鼠醚	
21	溴敌隆	
22	溴鼠灵	
23	丁硫克百威	
24	丁酰肼	
25	毒死蜱	
26	氟苯虫酰胺	
27	氟虫腈	
28	乐果	
29	氰戊菊酯	
30	氯杀螨醇	
31	三唑磷	
32	乙酰甲胺磷	

禁限用农药名录

（2017）

禁止在国内销售和使用农药：

六六六、滴滴涕、毒杀芬、二溴氯丙烷、杀虫脒、二溴乙烷、除草醚、艾氏剂、狄氏剂、汞制剂、砷类、铅类、敌枯双、氟乙酰胺、甘氟、毒鼠强、氟乙酸钠、毒鼠硅、甲胺磷、甲基对硫磷、对硫磷、久效磷、磷胺、苯线磷、地虫硫磷、甲基硫环磷、磷化钙、磷化镁、磷化锌、硫线磷、蝇毒磷、治螟磷、特丁硫磷、氯磺隆、福美胂、福美甲胂、胺苯磺隆单剂及复配制剂、甲磺隆单剂及复配制剂、百草枯水剂。

禁止用于防治卫生害虫和水生植物的病虫害，禁止用于蔬菜、瓜果、茶叶、菌类、中草药材的生产的剧毒、高毒农药：甲拌磷、甲基异柳磷、内吸磷、克百威、涕灭威、灭线磷、硫环磷、氯唑磷、水胺硫磷、杀扑磷、灭多威、氧乐果、硫丹、溴甲烷。

三氯杀螨醇、氰戊菊酯禁止在茶树上使用；

丁酰肼（比久）禁止在花生上使用；

毒死蜱、三唑磷禁止在蔬菜上使用；

氟虫腈禁止用于除卫生用、玉米等部分旱田种子包衣剂外的其他用途；

溴甲烷、氯化苦仅用于土壤熏蒸，且应在专业技术人员指导下使用。

自 2019 年 3 月 26 日起，禁止含硫丹产品在农业上使用。

自 2019 年 1 月 1 日起，禁止含澳甲烷产品在农业上使用。

自 2019 年 8 月 1 日起，禁止乙酰甲胺磷、丁硫克百威、乐果在蔬菜、瓜果、茶叶、菌类和中草药材作物上使用。

参考文献

[1] 张云涛，王桂霞，董静，等．草莓优良品种甜查理及其栽培技术．中国果实，2006，(1)：22-24.

[2] 焦瑞莲．日光温室无公害高产栽培技术．果农之友，2006，(11)：23.

[3] 童英富，郑永利. 草莓主要病虫害及其综合治理技术．安徽农学通报，2006，1 (2)：89－90.

[4] 朱淑梅．日光温室草莓无公害高产栽培技术．河北果树，2006，(6)：35.

[5] 张秀刚．草莓基础生理及栽培．北京：中国林业出版社，1993.

[6] 辛贺明，张喜焕．草莓优良品种及无公害栽培技术．北京：中国农业出版社，2003.

[7] 陈贵林，等．大棚日光温室草莓栽培技术．北京 ：金盾出版社，1998.

[8] 张志宏，等．草莓棚室高效栽培关键技术．北京：金盾出版社，2006.

[9] 尚雁红．保护地草莓畸形果的成因及防治措施．中国果菜，2006，(5)：37.

[10] 孙玉东．徐冉．草莓脱毒苗繁育技术规程．河北农业科学，2007，(2)：20，22.

[11] 唐梁楠，等．草莓优质高产新技术．北京：金盾出版社，2009.

[12] 万树青，等．生物农药及使用技术．北京：金盾出版社，2003.

[13] 辛贺明，张喜焕．草莓生产关键技术百问百答．北京：中国农业出版社，2005.

[14] 何水涛．优质高档草莓生产技术．郑州：中原农民出版社，2003.

[15] 王中和．草莓保护地栽培新技术．济南：山东科学技术出版社，1999.

[16] 张云涛，等．草莓研究进展．北京：中国农业出版社，2002.

[17] 郝保春，等．草莓生产技术大全．北京：中国农业出版社，2000.

[18] 张伟，等．草莓标准化生产全面细解．北京：中国农业出版社，2010.

[19] DB 34/T522—2005 草莓病虫害防治技术规程．

[20] DB 51/T829—2008 草莓促成栽培生产技术规程．

[21] GB/T18406.2—2001 农产品安全质量 无公害水果安全要求．

[22] GB/T18407.2—2001 农产品安全质量 无公害水果产地环境要求．

[23] NY5103—2002 无公害食品 草莓．

[24] NY5105—2002 无公害食品 草莓生产技术规程．

[25] NY/T5104—2000 无公害 草莓产地环境条件．

[26] NY/T391—2000 绿色食品 产地环境技术条件．

[27] NY/T393—2000 绿色食品 农药使用准则．